L'ART DE CHAUFFER

PAR

LE THERMOSIPHON

OU

CALORIFÈRE A EAU CHAUDE

LES SERRES ET LES HABITATIONS

SUIVI D'UN ARTICLE SUR LE CALORIFÈRE A AIR CHAUD

PAR L. E. AUDOT,

MEMBRE DE PLUSIEURS SOCIÉTÉS D'HORTICULTURE.

SECONDE ÉDITION,

ABRÉGÉE ET MISE AU COURANT DU PROGRÈS.

PARIS,

AUDOT, LIBRAIRE-ÉDITEUR,

RUE LABRUN, CI-DEVANT DU PAON, 8, ÉCOLE DE MÉDECINE.

1857

L'ART DE CHAUFFER

PAR

LE THERMOSIPHON

OU

CALORIFÈRE A EAU CHAUDE

LES SERRES ET LES HABITATIONS

SUIVI D'UN ARTICLE SUR LE CALORIFÈRE A AIR CHAUD

PAR L. E. AUDOT,

MEMBRE DE PLUSIEURS SOCIÉTÉS D'HORTICULTURE.

SECONDE ÉDITION,

ABRÉGÉE ET MISE AU COURANT DU PROGRÈS.

PARIS,

AUDOT, LIBRAIRE-ÉDITEUR,

RUE LARREY, CI-DEVANT DU PAON, 8, ÉCOLE DE MÉDECINE.

1857

L'ART DE CHAUFFER
PAR LE THERMOSIPHON.

QUELQUES NOTIONS DE PHYSIQUE SUR LA CHALEUR.

La chaleur ou calorique libre, éminemment élastique, se meut, comme la lumière, en rayonnant ; elle tend à se mettre en équilibre dans tous les corps, les pénètre, les dilate, les fait passer de l'état solide à l'état liquide, de l'état liquide à l'état gazeux, et quelquefois les décompose en leurs éléments.

DILATATION DES CORPS. — Les corps que l'on échauffe s'étendent dans tous les sens de manière à occuper un volume plus considérable que celui qu'ils occupaient d'abord. Cet effet, que les corps éprouvent sans que leur constitution soit changée, se nomme *dilatation*. On appelle *contraction* l'effet opposé, qui a lieu dans le refroidissement et ramène les corps à leur volume primitif.

Or la chaleur, tendant à augmenter la dimension des corps qu'elle pénètre, change leur forme, elle amène aussi la destruction des fourneaux et des appareils. Il est donc bien important d'en calculer les proportions. Dans les longues conduites d'eau, on doit laisser un peu de jeu aux parties afin qu'elles se prêtent au retrait ou à l'extension causée par les alternatives de chaud ou de froid. La table suivante donne les résultats obtenus et fait connaître l'allongement que subiront des barres ou des tuyaux de métal.

Tableau des dimensions qu'acquiert, à la température de 100 degrés, une verge des substances ci-dessous, en les supposant d'abord à 0 du thermomètre.

Tube de verre.	1/1148e	Fil de fer.	1/694e
(Un onze cent quarante-huitième, c'est-à-dire qu'il s'est allongé de une partie sur 1148).		Cuivre rouge.	1/581e
		Étain.	1/516e
Fer de fonte.	1/900e	Plomb.	1/351e
Fer.	1/865e	Zinc.	1/339e

La dilatabilité des liquides est beaucoup plus grande que celle des solides ; mais les différences de dilatabilité qu'offrent les premiers sont singulièrement remarquables : le mercure ne se dilate pas autant que l'eau, celle-ci pas autant que l'alcool, et l'alcool beaucoup moins que l'éther.

Tableau de la dilatation des liquides depuis 0 du thermomètre jusqu'à 100 degrés ou eau bouillante.

Air	1/55°	Huiles	1/12°
Mercure	1/55°	Alcool	1/9°
Eau	1/20°		

CONDUCTIBILITÉ DES CORPS POUR LE CALORIQUE. — De même que la lumière pénètre tout objet diaphane, le calorique se transmet de molécule à molécule à travers les corps avec une plus ou moins grande rapidité.

Le moyen le plus simple et le plus convaincant de prouver que la chaleur traverse les différents corps avec divers degrés de vitesse est de prendre des cylindres très-déliés de plusieurs substances, comme l'argent, le verre, le charbon ; de les tenir par un bout avec les doigts, et d'exposer l'autre extrémité à la flamme d'une chandelle. Le cylindre d'argent deviendra bientôt tellement chaud qu'on ne pourra plus le tenir entre les doigts ; le verre s'échauffera plus lentement ; et enfin le charbon sera complétement en ignition à l'une de ses extrémités longtemps avant qu'on ressente la moindre sensation de chaleur à l'autre.

Les substances qui s'échauffent le plus vite à la partie la plus éloignée de la flamme sont appelées les meilleurs *conducteurs du calorique*.

Les corps les plus denses (*) sont généralement les meilleurs conducteurs, mais il n'existe pas de rapport invariable entre la densité d'un corps et sa puissance conductrice ; car

(*) Épais, serrés, condensés.

le plus dense de tous les métaux, le platine, est un des plus mauvais conducteurs métalliques. Les substances terreuses sont de beaucoup inférieures aux métaux par leur pouvoir conducteur ; le bois l'est encore davantage. Mais les matières solides qui possèdent le moins cette propriété sont celles qui constituent l'enveloppe extérieure des animaux, comme la laine, les poils et les plumes. De là l'emploi général que fait la nature de ces substances pour empêcher l'air froid de s'emparer de la chaleur des animaux, ou, en d'autres termes, pour les tenir chauds.

Les rapports numériques des conductibilités intérieures de divers corps peuvent être ainsi établis :

Or	1,000	Plomb	180
Argent	981	Marbre	23
Cuivre	898	Terre cuite	12
Fer	374	Porcelaine	11
Zinc	363	Eau	9
Étain	303	Bois, 3 à 4, soit	3

Le sable transmet le calorique très-lentement.

La différence de propagation du calorique devient peu appréciable lorsque l'on se sert de tuyaux, le métal étant alors employé mince ; néanmoins on voit, d'après ce tableau, qu'il y aurait toujours plus d'avantage à se servir de tuyaux de cuivre pour conduire la fumée, l'eau ou la vapeur destinées à chauffer un espace, puisque ce métal se laissera pénétrer par une plus grande quantité de calorique.

Les substances qui forment les vêtements les plus chauds sont celles qui ont les plus longs poils ou le plus long duvet, parce que l'air qu'elles retiennent et qu'elles enveloppent s'oppose à la sortie de la chaleur naturelle du corps.

Le faible pouvoir conducteur de la neige est dû à la même cause, c'est-à-dire à l'air contenu et enveloppé dans ses interstices. Cette propriété présente de grands avantages en empêchant la surface de la terre d'être gelée partout où elle est recouverte de neige. On affirme que, tandis que la température de l'air descend en Sibérie à — 56 degrés, la surface du sol, protégée par une grande épaisseur de neige, est rarement plus basse que 0.

On tire parti du faible pouvoir conducteur de certains corps en les employant à conserver la chaleur. Les poêles sont souvent garnis, à l'intérieur, d'une chemise formée d'argile et de sable qui n'a pas d'autre but. L'interposition d'une couche de charbon pulvérisé ou d'air est très-efficace, dans les cas convenables, pour empêcher le calorique de s'échapper ; dans quelques appartements on place de doubles fenêtres qui ont la propriété de conserver la chaleur, parce que l'air interposé entre les deux châssis s'oppose à ce qu'elle s'échappe au dehors.

Les vêtements lâches sont plus chauds que les vêtements serrés, parce qu'une certaine quantité d'air confiné enveloppe alors le corps et y maintient la chaleur naturelle.

Les mêmes substances qui empêchent le calorique de s'échapper sont également efficaces pour prévenir son admission dans d'autres circonstances. C'est d'après ce principe que les glacières sont construites avec des corps mauvais conducteurs.

Pour faciliter le refroidissement de l'air et des liquides, et par conséquent le réchauffement de l'air environnant, il faut les renfermer dans des plaques métalliques recouvertes à la superficie d'une couche de noir de fumée ou de colle de poisson, et faciliter aussi le renouvellement de l'air qui les enveloppe.

Pour empêcher, au contraire, leur refroidissement, il faut les renfermer dans du bois tendre, en pièces ou en sciure, du charbon en poussier, de la mousse, du papier, de la laine ; le tout très-sec, avec la surface du métal blanche, polie, luisante, et éviter le mouvement de l'air environnant.

RAYONNEMENT DU CALORIQUE. — Lorsque des corps échauffés sont exposés à l'air, ils perdent une portion de leur calorique en le projetant en droite ligne, dans l'espace, de toutes les parties de leur surface.

Le pouvoir rayonnant, et par conséquent le refroidissement de différentes substances dans l'air atmosphérique, ont été également constatés. Le tableau suivant indique les résultats de ces expériences, c'est-à-dire le nombre des secondes que chacune de ces substances a employées pour abaisser sa température d'un même nombre de degrés.

	Secondes.
Eau.	100
Noir de fumée.	100
Papier à écrire.	98
Cire à cacheter.	95
Verre.	90
Encre de la Chine	88
Plomb terni.	45
Plomb brillant.	19
Fer poli.	15
Étain et cuivre.	12

Les faits que nous venons de signaler, à l'occasion du calorique rayonnant, sont d'une plus grande importance qu'on ne pourrait le croire d'abord ; car ils peuvent servir de base à une infinité de procédés ou de modifications pour les appareils employés dans les arts ou même dans l'économie domestique.

Toutes les fois, par exemple, qu'il est nécessaire, pour le succès d'une opération, de conserver à un liquide sa chaleur pendant un temps considérable, le vase qui contient ce liquide doit avoir une brillante surface métallique, parce que les surfaces de ce genre ont le moins de pouvoir rayonnant. Ainsi les cafetières, les théières, etc., sont ordinairement d'un métal brillant, afin qu'elles conservent plus longtemps à l'eau la chaleur nécessaire pour extraire l'arôme du café et du thé ; cette extraction ne serait pas aussi complète dans des vases d'une autre matière.

Pour chauffer un appartement au moyen de la vapeur ou de l'eau chaude, il serait absurde de conduire la vapeur ou l'eau dans des tuyaux noircis ou même ternis, dans le trajet *entre les chaudières et les locaux à échauffer,* parce que, dans ce cas, la plus grande partie de la chaleur s'échapperait par le rayonnement avant que la vapeur arrivât à sa destination. Les tuyaux destinés à cet usage doivent donc être en métal brillant.

Il serait, au contraire, également erroné de donner de l'éclat aux tuyaux destinés à échauffer l'air d'un appartement ; parce qu'alors ces tuyaux retiendraient la chaleur, et qu'on manquerait son but. Les tuyaux noircis sont alors préférables.

Les savants ont prouvé que la couleur noire absorbe beaucoup plus de calorique que les autres couleurs et que, par conséquent, les vêtements noirs ne sont pas convenables en été, puisqu'ils absorbent presque complétement la chaleur des rayons du soleil.

Mais, comme les surfaces qui absorbent le plus abondamment la chaleur sont aussi celles qui lui permettent de s'échapper le plus facilement, il n'est pas plus convenable de porter des vêtements noirs en hiver qu'en été, parce qu'ils laissent alors échapper la chaleur du corps.

CHALEUR SPÉCIFIQUE. CAPACITÉ DES CORPS POUR LE CALORIQUE. UNITÉS DE CHALEUR. — Le calorique pénètre tous les corps, il en écarte les molécules en se logeant entre elles ; mais chaque corps, ayant une forme différente dans ses molécules, et un écartement différent entre elles, admet une quantité différente de calorique pour arriver à la même température. — C'est là ce qu'on appelle *capacité des corps pour le calorique.* — Il résulte de là que les différents corps, à la même température, et marquant le même degré au thermomètre, contiennent réellement des quantités différentes de calorique.

Cette quantité diverse de calorique, qu'on nomme *calorique spécifique,* ne pouvant pas être mesurée par le thermomètre, on a imaginé de la déterminer par la quantité de glace que chaque corps, élevé à une température uniforme, est capable de fondre pour descendre au même degré. La différence dans cette quantité donne, au moyen du *calorimètre,* le rapport du calorique contenu dans les corps.

De même que l'on a divisé le tube du thermomètre en degrés, afin de pouvoir mesurer et indiquer le point où le liquide s'arrête, on a imaginé de marquer aussi par degrés la quantité du calorique contenu dans une portion quelconque de chaque corps soit liquide, soit solide. — Ainsi on a appelé UNITÉ *de chaleur* celle nécessaire pour *élever d'un degré un kilogramme d'eau.*

NOMS DES CORPS.	CALORIQUE spécifique.		POIDS spécifique.		UNE UNITÉ DE CHALEUR fait varier d'un degré.			
					kilog.		décim. cubes.	
Eau.	1	»	1	»	1	»	1	»
Air atmosphérique . .	0	27	»	0012	3	70	2880	»
Marbre et pierre. . . .	0	20	2	50	5	»	2	»
Verre.	0	17	2	50	6	»	2	336
Brique, terre cuite . .	0	10	1	78	10	»	5	7
Cuivre.	0	10	8	90	10	»	1	124
Fer	0	09	7	79	11	»	1	412

Donc, si nous comparons les quantités de calorique nécessaires pour élever à une température donnée des volumes égaux de différentes substances, l'expérience nous démontrera que ces quantités de calorique seront différentes. L'eau exige plus de deux fois autant de calorique pour atteindre une température donnée, qu'un même volume de mercure.

REFROIDISSEMENT DES CORPS DANS L'AIR; ÉCHAUFFEMENT DE L'AIR. — Dès que l'air d'un local a atteint le maximum d'échauffement, l'effet du refroidissement commence à se manifester.

Le premier effet à considérer est celui qui a lieu à travers les murs.

La meilleure manière de les construire est de laisser au milieu de leur épaisseur un vide que l'on pourrait remplir de charbon écrasé (l'un des corps les moins conducteurs du calorique), ou que l'on peut laisser seulement vide. Car il est à remarquer que l'air en contact avec les corps n'absorbe que très-peu de calorique vu sa faible conductibilité et son peu de capacité; mais comme cet air se renouvelle, il en résulte une puissante action de refroidissement. En effet, renfermer de l'air entre deux corps solides où il n'y a pas de mouvement libre, est un des meilleurs moyens que l'on puisse employer pour isoler le corps intérieur et l'empêcher de s'échauffer s'il est froid, ou de perdre sa chaleur s'il est échauffé.

On a calculé la perte d'un mur ordinaire de 60 cent. d'épaisseur par mètre carré et par heure :

Mur en brique pour une température intérieure de 15 degrés au-dessus de zéro, et extérieure de 10 au-dessous; différence 25; unités de chaleur (*). 15
Mur en moellons et plâtre ou chaux. 18
Mur en pierre calcaire. 25
Mur moitié pierre et moitié brique. 22

Si les murs étaient humides, il faudrait compter sur une plus grande perte, jusqu'à ce que la dessiccation fût effectuée.

La chaleur du soleil diminuera une partie de la perte pour les parties qui seront exposées à ses rayons.

Le deuxième effet de perte de calorique a lieu à travers les vitres.

Quantités de chaleur transmises, par mètre carré, par

(*) Nous avons déjà dit qu'une unité de chaleur était la quantité nécessaire pour élever d'un degré la chaleur d'un kilog. d'eau.

heure et pour une différence de température d'un degré entre l'air extérieur et l'air intérieur (calculées par M. Peclet).

Une seule vitre. 3,66
    Id. recouverte en dedans d'une mousseline
      légère. 3
  2 vitres à distance de 2 ou 4 cent. 1,70
  2 id. à distance de 5 cent. 2
D'où il suit que si la différence est de 2 degrés on devra, pour le premier nombre ci-dessus, compter. . . 7,32
  Que si elle est de 10 degrés, on comptera. . . 36,60
           de 20 degrés. 73,20

Ainsi en suivant la progression, si la température extérieure était à 20 degrés au-dessous de 0, et que l'on voulût obtenir 10 degrés au-dessus à l'intérieur, il faudrait compter sur une perte maximum de 110 unités de chaleur par heure pour chaque mètre de surface de verre, les bois et les murs comptés à part.

« Mais tous les appareils de chauffage, même ceux à eau chaude, n'étant pas d'une permanence complète, il faudrait bien se garder d'en déterminer les dimensions d'après les nombres que nous venons d'indiquer, car tous doivent avoir, en outre, un excès de puissance destiné à rétablir les pertes de la nuit, et cela, en un petit nombre d'heures. »

La troisième cause de perte de calorique agit par les fentes à travers les portes et le vitrage, l'air froid exerçant une pression pour entrer, tandis que l'air chaud en exerce une, en sens contraire, sur les fentes supérieures pour sortir, de manière qu'un courant d'air froid arrive incessamment, tandis qu'un courant d'air chaud s'échappe sans cesse, d'où il résulte un bienfait pour la santé des hommes, et pour celle des plantes, s'il s'agit d'une serre.

Aussi il y a une extrême difficulté à indiquer la quantité de tuyaux nécessaires, ainsi que la grandeur des appareils, car tant de causes influent sur le plus ou moins de chaleur que l'on doit donner à un local quelconque, que la complication qui en résulte ôte tout moyen de calculer juste. Ces causes peuvent se résumer ainsi :

Le degré de froid extérieur.

La complication qu'amènent les vents, qui pénètrent plus ou moins dans l'intérieur.

La position du local à échauffer à l'un des quatre points cardinaux.

La profondeur à laquelle est enfoncée la serre dans la terre, s'il s'agit d'une serre.

La proportion des fenêtres ou surfaces vitrées.

La quantité de portes ouvrantes et la fréquence de ces ouvertures.

Le degré de chaleur auquel chacun veut porter son local ou sa serre.

Quand on aura calculé la quantité maximum de combustible que l'on devra brûler par heure pour échauffer le local selon le besoin, en supposant un effet utile égal, au plus, aux deux tiers de la puissance calorifique de la nature du combustible, on pourra établir la surface de chauffe à 2 mètres carrés par kilog. de houille à brûler par heure.

1 kilog. de houille ou 2 kilog. de bon bois, donnent en réalité au moins 4500 unités de chaleur, toutes pertes déduites ; on calculera aisément ce qu'il en faut brûler par

heure pour tenir la serre au degré nécessaire, quand elle aura d'abord été chauffée au degré convenable.

Combustibles. — Pour obtenir un chauffage économique et rationnel, le combustible devrait être entièrement consumé par un courant d'air suffisant. Cet air ne doit pas être pris aux dépens de l'espace que l'on veut chauffer : c'est-à-dire que la bouche du fourneau doit être placée à l'extérieur, ou dans un cabinet attenant au local. Enfin toute la chaleur développée doit être employée entièrement, autant que faire se peut, à échauffer l'air de l'espace qui doit la recevoir.

Le but d'employer toute la chaleur produite par le combustible serait atteint complétement, si la fumée était froide à la sortie de la cheminée. — Mais si on parvenait à ce point de perfection on aurait dépassé le but, puisqu'il faut, pour opérer la combustion, qu'un courant d'air passe continuellement sur le combustible. — Or, si l'air qui arrive dans la cheminée chargé des produits de la combustion n'est pas échauffé à un certain degré au-dessus de celui de de l'atmosphère, cet air ne pourra s'élever dans la cheminée, le courant sera interrompu et la combustion n'aura plus lieu.

Le point de perfection que l'on doit désirer atteindre est d'obtenir que la fumée ne s'échappe pas au-dessus de 60 degrés.

Le bois de chêne très-sec dégage 3,300 unités de chaleur par chaque kilog. brûlé. Le bois de chêne contenant encore 25 pour cent d'eau en dégagerait 2,740.

Les houilles grasses ou compactes produisent de 7,200 à 7,900 unités de chaleur selon leur qualité.

Les houilles sèches ou schisteuses n'en produisent que 6,600 à 7,600.

Prix relatif de différents combustibles, eu égard à leur puissance calorifique, calculés sur la valeur à Paris.

	Puissance calorifique de 1 kilog. établie à	Dépense pour obtenir 100,000 unités de chaleur.
Houille.	7500	» fr. 72 centimes.
Coke.	6000	» 97
Bois ordinaire.	2800	1 70
Charbon de bois.	7000	2 60

Cheminées. Foyer d'appel. — Dans aucun cas il ne peut y avoir d'inconvénient à disposer une cheminée pour un grand tirage, puisqu'on reste toujours maître de le modérer à volonté au moyen de soupapes ou de registres que l'on peut placer dans les parties de la cheminée où il paraîtra le plus convenable de les fixer.

Quand on allume le feu dans un poêle ou un calorifère dont le tuyau de conduite de la fumée ou la cheminée sont verticaux et d'une section assez large, l'air, à mesure qu'il s'échauffe, tend à monter avec rapidité, et le tirage se fait promptement. Mais si les tuyaux sont placés obliquement, et ont un parcours considérable; ou si l'air est chargé d'humidité, le feu que l'on fait dans le foyer ne peut avoir assez d'action pour chasser la colonne d'air des tuyaux, l'air ne peut se renouveler, une grande fumée se forme, et le feu ne prend pas. On préviendra cet effet en plaçant, à l'endroit où les tuyaux cessent d'obliquer, c'est-à-dire au point où ils se joignent à un tuyau ou à une cheminée dirigés verticalement, un *foyer d'appel*, fig. 34, pl. VIII. Cet appareil est un petit poêle de tôle M, de 18 centimètres carrés; un tuyau N se rend dans la cheminée P. On allume dans ce foyer une poignée de copeaux ; l'air en contact avec cette partie se dilate, devient d'un poids spécifique moindre, il tend à monter ; le vide se fait dans la cheminée P, et toute la colonne d'air contenue dans les tuyaux, et dans le trajet qu'elle a à parcourir dans le calorifère, est attirée et s'élève avec vitesse dans la cheminée. Les horticulteurs qui ont à placer dans leurs serres des tuyaux non-seulement obliques, mais même entièrement horizontaux, dans un parcours qui quelquefois n'a pas moins de 20 mètres, connaissent fort bien ce moyen et l'emploient avec succès. Il est essentiel que le tuyau N n'arrive pas horizontalement dans la cheminée P, car le mouvement d'air qu'il y projetterait, empêcherait l'effet que l'on se propose d'obtenir, c'est-à-dire un courant ascendant. Il faut, au contraire, qu'il lance son propre courant obliquement et le plus près possible de la ligne verticale.

PROPORTIONS ET EMPLACEMENT DES APPAREILS. — « Il est important, dit M. Darcet, de proportionner la grandeur et la puissance des appareils aux effets que l'on veut produire, car un appareil trop grand coûterait trop d'achat et d'établissement, tandis qu'il faudrait, en se servant d'un appareil trop petit, y pousser continuellement le feu au point de le détruire promptement et d'y altérer la pureté du courant ventilateur. »

Il nous paraît à peine nécessaire de faire la remarque que le même appareil, dès qu'il peut échauffer au maximum de 35 degrés, soit 20° au-dessous de 0 à l'extérieur, et 15 au-dessus à l'intérieur (si c'est pour un appartement ou une serre chaude), pourra également échauffer à quelques degrés seulement, puisque la quantité de com-

bustible que l'on emploiera et la quantité de chaudes à donner régleront la température que l'on jugera à propos d'atteindre.

La capacité de la chaudière (la quantité d'eau qu'elle contient) n'influe en rien sur l'emploi utile du combustible. C'est seulement la surface de la partie exposée au feu, c'est-à-dire ce qu'on appelle *surface de chauffe*, qui transmet la chaleur. En conséquence, cette surface est la seule chose à combiner de manière à enlever à l'air chaud que produit le combustible la plus grande quantité qu'il sera possible de calorique.

Suivant l'indication de M. Peclet, on pourra compter un mètre carré de surface de chauffe pour 3 ou 4 kilogrammes de houille, ou 6 à 8 kilogrammes de bois à brûler par heure, dans les moments où il faudra chauffer au plus haut degré. On pourra compter une surface double dans les thermosiphons.

L'air s'échauffant, parce que le calorique tend continuellement à monter, tandis que l'air froid le remplace, il est naturel de penser que le calorifère, quel qu'il soit, doit toujours être placé à la partie inférieure du local.

Le foyer peut être établi dans une pièce autre que celle ou celles à échauffer ; mais cependant on fera toujours mieux de le placer dans un local où l'on puisse profiter de ce qui s'échappera de chaleur, fût-ce même un corridor ou un escalier.

Si le fourneau d'un calorifère ou la chaudière d'un thermosiphon sont placés dans un souterrain ou dans un lieu quelconque où ils ne doivent pas émettre de chaleur, mais d'où, au contraire, la chaleur doit être envoyée dans les pièces à échauffer, il sera nécessaire d'isoler l'appareil, en disposant ses tuyaux de manière qu'ils ne laissent pas échapper de calorique depuis ce lieu jusqu'à celui où ils doivent émettre leur chaleur.

Le fourneau sera isolé par une enveloppe ou bâtisse en briques assez épaisse pour que la chaleur ne puisse passer.

Les tuyaux seront isolés des corps environnants par des enveloppes épaisses de mousse ou de sciure de bois tendre, de charbons écrasés, de laine, le tout tenu très-sèchement; ou bien d'argile mêlée à de la paille hachée, à de la bourre ou poils d'animaux, etc. Le tout peut être renfermé dans un conduit maçonné.

De la ventilation dans les serres. — La plus légère attention suffit pour reconnaître combien, dans tous les temps, la circulation d'un air pur est indispensable à l'existence des plantes. La quantité d'air qui circule par les vides entre les carreaux du vitrage remplit amplement cette condition quand le toit est vitré de la manière la plus parfaite; mais, quand il l'est imparfaitement, la ventilation est beaucoup trop forte, attendu qu'elle enlève une trop grande quantité de chaleur.

En hiver on peut se contenter de ce mode de ventilation, parce qu'elle suffit aux besoins de la saison et qu'elle s'opère de la manière la plus égale sans faire sentir aucun courant d'un certain volume. Cependant il est important, en tous cas, de n'employer en vitrage que ce qui peut être placé favorablement pour donner de la lumière, comme il est avantageux que les serres aient de doubles portes pour éviter une perte immense de chaleur chaque fois qu'on entre ou qu'on sort. Mais un tel mode de renouvellement de l'air est inégal : plus rapide quand il fait plus froid, et souvent moins rapide dans des circonstances où il est plus nécessaire.

Il faut aussi considérer que cet air est froid et qu'il saisit les plantes voisines des accès de son introduction. On atteindrait beaucoup mieux le but de la nature en fermant entièrement le vitrage et en introduisant un air échauffé. Il est facile de remplir cette condition en donnant accès seulement à l'air que l'on aura introduit en passant autour du foyer d'un calorifère à air, autour d'un poêle à double enveloppe ou autour de la chaudière du thermosiphon, d'autant que l'on peut l'introduire à volonté au moyen de registres placés dans les canaux qui ont cette destination.

Dans les serres il serait imprudent de laisser de nuit l'accès de l'air extérieur ouvert, s'il n'y a pas un homme de garde pour soutenir le feu et réparer ce que fait perdre la ventilation ; car le foyer s'éteignant et l'air entrant toujours, quoique avec moins de rapidité, un refroidissement trop grand pourrait avoir lieu. On pourrait même, dans la saison très-rigoureuse, ne donner de l'air par la ventilation artificielle que dans les moments qui paraîtront les plus opportuns, par exemple quand on aura allumé le feu du soir, le matin quand on le rallumera, et au milieu du jour.

L'arrivée de l'air chaud devra toujours avoir lieu par le bas des pièces. Mais la sortie pourra se faire soit à la partie supérieure, soit à la partie inférieure.

Les orifices d'air chaud arrivant devront être assez éloignés des accès de sortie pour que ces derniers n'attirent pas immédiatement l'air chaud en pure perte. Ils devront encore être placés de manière à ne pas nuire aux personnes ou aux plantes, si toutefois le tirage était trop fort. L'air sera pris, pour être amené autour des calorifères dans l'endroit le plus sain. L'ouverture sera large, et le canal où elle conduira devra avoir une mesure égale à celle de toutes les bouches de chaleur réunies. Cette ouverture sera au niveau du sol et se fermera par une trappe ou porte en bois. On l'ouvrira et on la fermera à volonté, indépendamment des registres placés à chaque bouche de chaleur.

Nous avons vu en pareil cas employer un procédé que nous citerons. M. Delaire, jardinier en chef du jardin botanique d'Orléans, admet la continuation d'accès d'air par les ouvertures qui le conduisent au calorifère, et introduit ainsi un air qui se trouve légèrement chargé d'humidité au moyen d'un large vase d'eau placé dans le conduit.

DU THERMOSIPHON.

ORIGINE.—Le thermosiphon, ou appareil à eau chaude, en circulation, a été inventé par un Français nommé Bonnemain, qui, dès 1777, le présenta à l'Académie des sciences. Il n'était destiné, jusqu'alors, qu'à l'incubation ou éclosion des œufs. L'inventeur avait ensuite appliqué son appareil au chauffage des habitations.

Des horticulteurs se sont emparés de son idée pour chauffer leurs serres, et ont commencé par établir le thermosiphon à cloche représenté par la fig. 1. Il est encore peu compliqué, mais il est bien combiné, et plusieurs des fabricants actuels ne l'ont guère rendu plus puissant. Voici sa description :

A, foyer et grille, fig. 1, pl. I; *b* cloche en cuivre à double paroi contenant l'eau introduite par le tube *c;* — *d* cloison en fonte pour forcer les produits de la combustion à parcourir plus d'espace; ils passent ensuite sur la chaudière qu'ils enveloppent, et ressortent en *e;* — *f* sont les tuyaux contenant l'eau en circulation; — *g* la maçonnerie en brique.

Après avoir donné cette première idée de l'appareil, nous allons tâcher d'en faire comprendre l'effet et l'utilité.

AVANTAGES DU THERMOSIPHON. — « Le chauffage intérieur à l'eau chaude à basse pression (*) est préférable au chauffage à la vapeur, parce que les appareils à eau chaude sont beaucoup plus simples, plus faciles à diriger, qu'ils n'exigent point d'appareils d'alimentation, de nettoyage des chaudières, qu'ils s'altèrent moins par l'usage; enfin, parce que la masse d'eau qu'ils renferment produit une grande régularité dans le chauffage, malgré les plus grandes irrégularités dans l'alimentation du foyer, et que le chauffage se prolonge longtemps après l'extinction du feu. » — (Peclet, TRAITÉ DE LA CHALEUR.)

Ce mode de chauffage est analogue à celui du calorifère à air; il a lieu par la circulation de l'eau, qui, comme l'air,

(*) Quand on ne chauffe pas l'eau à plus de 100 degrés centigrades, le système est à *basse pression*, c'est-à-dire à celle du poids de l'atmosphère. Dans ce cas, le vase, ou chaudière, et les tuyaux ont des tubes d'expansion non fermés.

Pour chauffer à *haute pression*, c'est-à-dire à plus de 100 degrés, le vase et les tubes doivent être fermés hermétiquement et offrir une très-grande résistance, afin qu'il n'y ait point explosion de l'eau dont la force d'expansion serait comprimée. Il ne sera question dans cet ouvrage que du système à basse pression.

conduit mal la chaleur, mais peut lui servir de véhicule par sa mobilité.

L'air échauffé au contact des tuyaux du calorifère à air ne peut guère être porté au delà de 12 mètres du calorifère (*); l'eau circule dans les tubes du thermosiphon à une distance indéfinie. On a fait parcourir à l'eau dans les tubes une distance de 900 mètres.

Les calorifères d'eau, ou thermosiphons, sont incontestablement préférables pour le chauffage des serres et pour tous les lieux où il importe beaucoup d'obtenir aisément une température douce et très-régulière. On conçoit que la grande capacité de l'eau, qui est environ 3,000 fois plus grande pour le calorique que celle de l'air, présente les meilleures garanties à cet égard; c'est au point que, quand la quantité d'eau employée est assez grande, on peut cesser de faire du feu dans un tel calorifère pendant 8 ou 10 heures, sans que la température d'une serre s'abaisse dans une proportion trop grande pour être nuisible, tandis qu'avec un poêle ordinaire une égale interruption pourrait, toutes choses égales d'ailleurs, laisser réduire de 15 ou 20 degrés la température intérieure et geler les plantes. On conçoit donc tout l'intérêt qu'on attache à se mettre à l'abri des négligences en adoptant l'usage des thermosiphons, qui sont répandus aujourd'hui généralement chez les horticulteurs.

On a dit que ce genre de calorifère ne pouvait être employé aussi utilement que les calorifères à air, lorsqu'il

(*) Si le calorifère est mal combiné, et que la cloche rougisse, la chaleur peut être portée plus loin et très-vite, mais aux dépens de la santé.

s'agit de produire de grandes masses d'air chaud. En effet, le passage de la chaleur au travers des surfaces métalliques est en raison de la différence de température et de la quantité de surfaces chauffantes : or, ici, la température de l'eau (sans pression) dans les tuyaux doit être toujours au-dessous de 100 degrés dans les points mêmes où elle est le plus échauffée, et moindre encore dans tous les autres, tandis que la température des conduits chauffés directement par les produits de la combustion dans les calorifères à air, peut être beaucoup plus élevée.

Mais, depuis que cette opinion a été émise, on a vu construire des calorifères d'eau dans les palais et dans les églises. Ces calorifères, dont les foyers sont dans des caves, envoient de toutes parts leurs tubes porter l'eau nécessaire pour échauffer toutes les parties supérieures. Ces tuyaux échauffent le local en une heure de temps à 20 degrés. La difficulté est donc vaincue, et l'on ne peut plus dire que le thermosiphon ne peut s'adapter à de grands locaux.

On a avancé l'opinion que la vapeur devrait être adoptée de préférence. Il est vrai que la vapeur circulera plus rapidement et que l'on pourra obtenir de la chaleur pour ainsi dire instantanée et beaucoup plus promptement que ne le ferait l'eau circulant dans les tuyaux, puisqu'il faut attendre que l'action moléculaire soit établie pour obtenir la circulation; mais si l'on compare les résultats de ces deux fluides, l'avantage sera en faveur de l'eau : le raisonnement va le prouver. — La chaleur spécifique de la vapeur non condensée, comparée à celle de l'eau, est comme 8470 est à 1. En estimant la chaleur latente de la vapeur et réduisant la température de la vapeur et de l'eau à 15 degrés, on trouvera qu'à volume égal la proportionnelle sera de 1 à 228, c'est-à-dire que l'eau répandra 228 fois autant de chaleur que la vapeur. Ainsi un volume quelconque de vapeur perdra autant de chaleur en une minute que le même volume d'eau en trois heures trois quarts.

INCONVÉNIENTS DU THERMOSIPHON. — Après avoir énuméré les divers avantages du thermosiphon, nous ne dissimulerons pas les inconvénients que son emploi pourrait offrir; mais nous tàcherons aussi de réfuter ceux qu'on lui a attribués à tort.

Les appareils de chauffage à eau chaude exigent de plus grandes surfaces de chauffe (*) que les poêles et les calorifères à vapeur ou à air chaud; les tuyaux de conduite sont d'un plus grand poids et chargent davantage les planchers; les f.. tes peuvent aussi occasionner des dégâts.

Mais leur construction est moins compliquée; ils n'exigent pas plus de surveillance que des poêles ordinaires, et ils conservent leur chaleur bien plus longtemps.

La circulation de la fumée sur les surfaces de la chaudière a, malgré la précaution que l'on prend ordinairement de ménager des regards à tampons mobiles pour le curage de la suie, le très-grand inconvénient d'occasionner au bout d'un certain temps, une espèce d'enduit huileux et comme bitumineux qui tapisse la surface de la chaudière, y tient opiniàtrément, et s'oppose par sa nature charbonneuse à la transmission de la chaleur, en même temps qu'il contribue à la plus prompte détérioration du métal.

On a craint en effet ce grave inconvénient que la théorie faisait prévoir; cependant l'expérience, jusqu'ici, a été en faveur de l'emploi des chaudières en métal.

Depuis vingt ans, un grand nombre de cultivateurs font usage, *hiver comme été*, de thermosiphons en cuivre, sans qu'aucune partie de leurs appareils ait jamais éprouvé d'accidents par suite d'oxydation ou autrement, soit qu'on ait employé le bois ou la houille.

Cependant la houille, contenant beaucoup de soufre, devait, d'après sa composition chimique, hâter leur destruction.

On a dit que l'eau formerait sur le fond des chaudières des dépôts terreux qui empêcheraient la conductibilité du métal, retarderaient et diminueraient l'échauffement de l'eau. Sans doute il y aura un dépôt quelconque; mais si l'on considère que la quantité d'eau employée dans un thermosiphon est minime, et que cette eau est la même toute l'année, sauf un léger remplissage, on conclura que le dépôt formera une couche trop mince pour qu'elle puisse intercepter d'une manière sensible la transmission de la chaleur.

On pourra juger, par des exemples, du peu d'importance de ces dépôts. D'après des analyses faites à Paris, on a reconnu que l'eau de la Seine ne contient que 1/6000ᵉ de dépôt calcaire, et l'eau du canal de l'Ourcq 1/5000ᵉ.

Il est vrai qu'il y a des eaux très-impures que l'on aurait tort d'employer, telles que des eaux de puits dans des

(*) La *surface de chauffe* (quand il s'agit d'une chaudière ou des tuyaux d'un calorifère à air) consiste dans tout ce qui est exposé au foyer et qui peut s'échauffer par l'effet de la combustion. Quand il s'agit d'un thermosiphon, on a au foyer des surfaces de chauffe intérieures pour s'emparer de la chaleur au profit de l'eau, et on a aussi des surfaces de chauffe présentées par les tuyaux de conduite de l'eau qui se sont placés dans les lieux à échauffer. Celles-ci sont des *surfaces de chauffe* en sens inverse des premières.

terrains calcaires. On devra donc, dans toute prévision, choisir de préférence des eaux de rivière, ou des eaux de pluie, et on aura soin de les laisser reposer et de les tirer ensuite à clair avant d'en remplir les chaudières.

Un autre inconvénient plus grave, et auquel il est difficile de remédier d'une manière absolue, est celui des fuites qui peuvent survenir, soit dans les tubes, soit dans les chaudières, et qui gâteraient les peintures ou les meubles des appartements. Aussi recommanderons-nous les plus sages précautions dans le choix des emplacements pour les appareils, afin qu'ils ne puissent nuire en cas d'accident. Ces précautions seront les mêmes que pour l'eau que l'on fait circuler aux étages supérieurs dans les maisons, et qui est destinée aux usages domestiques : mode généralement suivi en Angleterre.

Il y a moins de danger à courir pour les serres. Néanmoins on pourrait craindre la possibilité de fuites qui videraient un appareil et exposeraient les plantes à souffrir du froid. Mais c'est ce qui n'arrivera pas toutes les fois que l'on ne s'adressera qu'à de bons fabricants et que l'on ne fera usage que du clouage des appareils au lieu de la soudure à l'étain.

Effets du mouvement de l'eau dans les vases où on l'échauffe. — Si l'on expose au soleil, ou à côté d'un foyer quelconque de chaleur, un vase de verre blanc profond, contenant de l'*eau de puits* avec quelques parcelles de corps très légers tels que du savon, on verra bientôt se manifester des courants qui monteront dans la partie échauffée, et qui descendront dans l'autre. Si on fait l'expé-rience dans un vase qui aille au feu, on verra les courants agir d'une manière encore plus marquée.

Les parties échauffées deviennent plus légères et s'élèvent. — Elles font place, par conséquent, aux parties froides, plus pesantes, et le mouvement se trouve établi.

Mais il faudra remarquer (et on aura besoin de s'en souvenir lorsqu'on placera des tuyaux) que le courant ne se dirige pas facilement en suivant les lignes anguleuses, mais bien en s'arrondissant dans celles qu'il parcourt.

Il en résulte dans tout le liquide un mouvement circulaire, lequel continuera tant qu'il y aura une différence de température entre les différentes parties du vase.

Si la chaleur est assez active, la masse entière continuera à s'échauffer jusqu'à ce qu'elle arrive au degré de l'ébullition. Alors l'eau se vaporisera et ne s'échauffera plus, c'est-à-dire qu'elle ne dépassera pas le centième degré (*).

Dans un tube de verre de 15 cent. de hauteur, recourbé suivant la fig. 2, soudé en A, et rempli d'eau de puits jusqu'en B, on verra s'opérer le mouvement circulatoire avec la seule chaleur de la main placée en C. On jettera dans l'eau, à cet effet, quelques parcelles très-fines de savon (**).

Le principe du thermosiphon se trouve donc dans ce mouvement de l'eau.

(*) Si on échauffait seulement le tour du vase et le dessus, l'échauffement du liquide n'aurait lieu qu'après un long temps de chauffage, et la circulation serait très-faible.

(**) L'eau de puits est la seule convenable pour cette expérience, parce qu'elle ne dissout pas le savon et qu'elle permet de suivre le mouvement des parcelles.

Que l'on construise un appareil simple, comme la fig. 3. En C, où est placé un foyer de chaleur, la colonne ascendante D s'échauffera, l'eau deviendra plus légère; son poids spécifique étant diminué, elle ne pourra plus contre-balancer celui de la colonne E, qui chassera l'eau du conduit F avec toute la force qui résultera du rapport entre la densité de D et de E.

Si on suppose D à 90 degrés et E à 30, la différence des deux poids spécifiques sera de un 40ᵉ environ : c'est-à-dire que, en divisant la colonne E en 40 parties, la colonne D n'en contre-balancera que 39. Le 40ᵉ du poids de E en surplus tombe alors en produisant le mouvement de toute la masse d'eau.

Dans les appareils les plus compliqués comme dans les plus simples, la valeur de C D, qui détermine la pression et par conséquent la vélocité, est la différence de niveau entre le fond de la chaudière, où l'eau rentre, et le point le plus élevé de la chaudière, ou le sommet des tubes ascendants verticaux, élevés au-dessus de la chaudière. Les tubes horizontaux, servant en quelque sorte de conducteurs entre les deux colonnes, ne sont par eux-mêmes soumis à aucune autre force que celle qui leur est imprimée, soit par le courant ascendant d'une part, ou par le courant descendant de l'autre. Ainsi toute l'impulsion ou *puissance motrice* provient de la pression occasionnée dans la colonne descendante par l'excès de quantité d'eau amenée par la colonne ascendante. Cependant, une partie de l'effet est détruite par le frottement de l'eau contre les parois du tube, et surtout aux extrémités, où l'eau vient frapper avec d'autant plus de force que les tubes sont moins arrondis dans leurs contours.

Quand les locaux sont très-froids, les tubes se refroidissent plus vite et la rapidité de l'eau s'accroît; ce qui fait affluer l'eau chaude et rentrer rapidement l'eau froide pour se réchauffer. Mais quand les locaux sont chauds, les tubes se refroidissent moins, et un ralentissement a lieu dans le mouvement.

La circulation de l'eau peut aussi s'opérer facilement au moyen d'un appareil dans lequel un récipient ou poêle d'eau serait placé entre les deux tubes d'aller et de retour, soit fig. 4. L'appareil étant rempli d'eau, aussitôt que la chaudière A commence à s'échauffer, une dilatation s'opère dans le volume de liquide qu'elle contient; les molécules échauffées s'élèvent alors vers la surface, et la circulation prend son cours, sans que le poêle d'eau B y fasse aucun obstacle, au contraire, car l'eau chaude qui y arrive, trouvant plus de surface, se refroidit davantage, et la pression en est d'autant plus forte au point S et en *g*. L'eau se dirigera, en conséquence, vers A, avec une vélocité et une puissance égales à la différence de pression entre la colonne ascendante et celle de retour.

Une température égale ne peut avoir lieu entre A et B, tant que l'on chauffera A. Si on cessait de chauffer, la température deviendrait égale; et le mouvement s'arrêterait, puisqu'il n'y aurait plus de force supérieure en B.

Si le poêle d'eau B était d'une proportion moindre que la chaudière, l'effet de la circulation serait le même, car, suivant les lois de l'hydrostatique, la pression des fluides est en raison seulement de leur hauteur et ne dépend nullement du diamètre ou de la quantité; si au lieu du poêle B on employait un serpentin ou tube formant plusieurs circuits, afin d'offrir le plus de surface possible au rayonnement du calorique, la pression serait, à peu de chose près, la même que si un poêle d'eau avait un grand diamètre, pourvu toutefois que le sommet de la colonne descendante fût à la même hauteur que celui de la colonne ascendante. Nous reviendrons sur ce sujet.

Quelques personnes ont pensé que si les tubes étaient placés diagonalement de manière que l'eau se trouvât graduellement portée vers la chaudière, le poids de la colonne en serait augmenté, supposant, par exemple, le point e, fig. 5, plus bas que le point d, et réduisant ainsi la hauteur de la colonne verticale ef; mais ce fait est entièrement erroné dans son principe. En effet, si l'on admet que, au lieu d'être horizontal, le tube de retour parte du point d en diagonale jusqu'au point f, il en résultera que le poids de l'eau sera exactement le même en f qu'il le sera en e; il devient donc sensible que le poids utile à la circulation de la colonne verticale ef sera perdu.

Il ne faut pas supposer que ce raisonnement s'applique ici absolument à la loi de l'hydraulique. S'il ne s'agissait que d'un fluide d'une température égale, on obtiendrait un bon effet de l'emploi d'un tuyau incliné; mais le fluide dont il est ici question est d'une densité et d'une température variables, ce qui influe beaucoup sur les résultats.

Lorsque l'on pourra élever les tubes perpendiculairement à la chaudière, comme dans la fig. 6, cette disposition offrira de grands avantages ; que le tuyau d'ascension soit placé sur le sommet de la chaudière, comme en a, ou qu'il soit adapté en a, l'effet sera le même. Cette élévation des colonnes d'ascension et de retour force la circulation à devenir plus rapide, conséquence déduite de ce principe que la circulation est plus ou moins accélérée en raison du poids qui se fait sentir dans les colonnes d'eau ; or, les tuyaux étant plus élevés, plus la différence de poids sera grande, et conséquemment plus sera rapide la vitesse de la circulation. Nous proposons l'exemple suivant :

Si un appareil à eau chaude est disposé de telle sorte qu'il échauffe dans une habitation plusieurs étages, la chaudière c, fig. 7, étant placée au rez-de-chaussée, la colonne ascendante e devra monter le plus verticalement possible jusqu'à la pièce la plus élevée, où elle aboutira à la partie supérieure d'un poêle d'eau ou récipient a; l'eau, en se refroidissant en partie, prendra son courant vers la colonne descendante d, partant de la partie inférieure du poêle d'où elle descend dans le poêle b; là elle perd encore de sa chaleur en la communiquant à l'air environnant, puis elle continue son mouvement de descente vers la partie inférieure de la chaudière, où elle rentre pour être de nouveau chauffée et reprendre son cours ascensionnel.

Cette disposition fait comprendre que la colonne e n'a à supporter que son propre poids, diminué par la forme ascensionnelle du calorique, et qu'ensuite la pesanteur spécifique du courant descendant, jointe au refroidissement successif, fait descendre l'eau avec rapidité. Si l'on commençait par le premier étage pour finir par le dernier, l'effet serait tout contraire et le mouvement très-ralenti.

On ne peut faire monter perpendiculairement le tube ascendant à une hauteur illimitée. Nous l'avons vu élever au palais d'Orsay à 15 mètres, et le résultat était excellent.

La pression qu'éprouve l'eau sur chaque pouce carré de

2.

surface augmente dans la proportion d'environ 250 grammes pour chaque 33 centimètres de la colonne perpendiculaire. Il en résulte que, si la hauteur de la colonne, à partir du fond de la chaudière jusqu'au sommet du tube, est de 2 mètres, la pression au fond sera de 1,500 grammes sur chaque surface carrée de 27 millimètres de côté ; mais si la chaudière a 70 centimètres de haut, la pression au sommet égalera 1,000 grammes, car alors il n'y aura plus au-dessus de la chaudière que 130 centimètres de colonne.

L'explosion d'un appareil à vapeur vient de sa force élastique immense lorsqu'elle est portée à un certain degré ; mais, comparée à la vapeur, l'élasticité de l'eau est peu de chose, car elle est presque incompressible, et, si un appareil contenait 3 hectolitres de liquide et qu'il y eût une pression de 1 kilogramme pour 1 centimètre carré, l'eau ne serait comprimée que de 3 centimètres cubes, ou environ la 70ᵉ partie d'un litre. Ainsi, l'appareil venant à éclater, la force d'expansion serait parfaitement innocente, car l'eau ne pourrait se dilater que de la quantité de compression qu'elle aurait subie, c'est-à-dire de 3 centimètres cubes.

Ainsi un appareil à eau chaude circulante ne pourrait jamais produire qu'une filtration de l'eau provenant d'une fente de quelque partie de la chaudière, tant, du moins, que ses parois seront de force à supporter le poids du liquide qu'elle contient, ainsi que celui des tubes.

En faisant monter l'eau de la chaudière par un tube vertical *a c*, fig. 6, il en résultera un avantage qu'on ne pourrait obtenir par aucun autre moyen. La puissance motrice de l'eau étant en raison de la hauteur des tubes, on acquiert, en augmentant cette hauteur, la facilité de conduire la circulation jusqu'au-dessous du niveau horizontal, pointillé, même figure. Cela est utile surtout s'il s'agit de faire passer les tubes au-dessous d'une porte, d'une croisée, etc., avant que le liquide rentre en dernier lieu au fond de la chaudière. — On comprendra l'utilité absolue d'un tube perpendiculaire à la chaudière quand on saura que les angles verticaux des tubes, c'est-à-dire ceux qui conduisent l'eau aux tubes de retour au-dessous du niveau supérieur de la chaudière, augmentent considérablement la force de résistance ; car non-seulement ils opposent une résistance toute passive par le fait du frottement, mais ils engendrent une force qui leur est propre et qui est en sens contraire à la direction donnée par le premier mobile.

Nous avons dit que la puissance qui produit la circulation de l'eau est due à la pression inégale exercée sur le tube de retour horizontal, conséquence de la gravité spécifique plus grande dans l'eau du courant descendant que dans celle de la chaudière. Mais, que cette force agisse sur une longue étendue de tube de retour, comme *s*, *g*, fig. 4, ou sur une beaucoup moindre, comme *k*, fig. 5, le résultat sera le même.

Or, cette pression inégale étant le premier mobile de la circulation de l'eau dans l'appareil, il suffira, pour apprécier l'exacte somme de cette force, de connaître la gravité spécifique de chacune des deux colonnes d'eau. La différence entre ces deux gravités sera nécessairement le chiffre de la pression effective ou puissance motrice agissant sur tout l'appareil. Dans les cas ordinaires cette différence n'est pas très-grande, d'où il faudrait conclure que la proportion entre les deux colonnes est peu sensible , mais suffisante.

Si l'on suppose un appareil en action, dont la température du courant descendant i, fig. 6 , s'élèverait à 75 degrés, l'on estimera alors la pression sur le tube de retour horizontal k, en supposant que l'eau de la chaudière excède cette température de 1 à 15 degrés ; la hauteur de la chaudière étant de 35 centimètres, la puissance motrice sera , comme il a été dit, de 1/40ᵉ de la colonne de retour.

Si l'on admet que dans un appareil semblable à celui de la fig. 4 , la chaudière ait 70 centimètres de hauteur, et que la distance du sommet du tube supérieur au centre du tube inférieur soit de 50 centimètres; enfin si l'on admet que les tubes aient 10 centimètres de diamètre, il s'ensuivra que, la différence de température entre l'eau de la chaudière et celle du tube descendant étant de 8 degrés, la pression exercée sur le tube de retour horizontal sera d'environ 10 grammes, somme de la puissance motrice de l'appareil , quelle que soit d'ailleurs la longueur des tubes qu'on y fixe. Si un semblable appareil a 100 mètres de tubes de 10 centimètres de diamètre et que la chaudière contienne 100 litres, il y aura en tout 1,000 litres ou 1,000 kilogrammes d'eau ; quantité qui sera mise en mouvement, et continuera à circuler par une force n'excédant pas 10 grammes. Ce calcul de la somme de puissance motrice , comparée au poids de l'eau mise en mouvement, varie selon les circonstances, et, dans tous les cas, la vélocité de la circulation en dépend.

Si l'on veut estimer la vitesse de circulation de l'eau dans un appareil à eau chaude, on devra se formuler la règle suivante : la température de l'eau étant amenée à 75 degrés, la différence de température entre les deux courants principaux étant de 4 degrés, la hauteur de la colonne verticale étant de 3 mètres 50 ; si la même quantité d'eau existe dans chacune des colonnes , la plus chaude des deux s'élèvera dans la colonne à environ la 121ᵉ partie d'un centimètre plus haut que dans l'autre, et la vitesse de circulation sera égale à 4 mètres par minute.

La puissance motrice de l'eau circulante étant peu considérable, on concevra que la moindre disposition mauvaise d'une partie de l'appareil sera susceptible de ralentir et même d'interrompre la circulation ; on devra donc apporter tous ses soins à ce que toutes les parties soient disposées selon les données que nous indiquons.

Nous ne connaissons guère que deux méthodes propres à augmenter la différence de température entre les colonnes d'eau ascendante et descendante : 1° en donnant plus de hauteur à la colonne verticale ascendante et plus d'étendue proportionnelle aux tubes formant la colonne descendante, de manière que le liquide ait plus d'espace à parcourir avant de rentrer dans la chaudière ; cette méthode est nécessairement limitée dans son application par l'étendue du bâtiment qu'il s'agit de chauffer : 2° en aplatissant les tubes, qui présenteront alors une plus grande surface eu égard à l'eau qu'ils renferment ; de telle sorte que dans un temps donné l'eau émette par ce moyen plus de calorique.

Mais lorsque, pour surmonter les obstacles qui pourraient se présenter , il s'agit de donner plus de puissance à l'appareil, le mode le plus efficace est celui qui résulte de l'augmentation en hauteur du courant de départ. Cependant, le refroidissement de l'eau n'étant pas en raison de l'espace où elle doit circuler, mais bien en raison du temps qu'elle prend à parcourir ce trajet, on pourrait penser qu'en accélérant la vitesse de la circulation le liquide ne prendra, pour passer dans tout l'appareil, que la moitié du temps qu'il prenait avant, et ne perdra en conséquence que la moitié de sa chaleur; mais il n'en est pas ainsi, car il faudrait quadrupler la hauteur verticale du tube ascendant ou la longueur du tube horizontal pour que la rapidité ordinaire de la circulation fût doublée ; d'ailleurs, si on ne fait que doubler ces tubes, le calorique rayonnant s'émet sans perte sensible, et la puissance étant augmentée brave les obstacles qui pourraient s'opposer à une circulation régulière. Bien qu'il soit reconnu qu'en quadruplant la hauteur verticale de la colonne on doublera la vitesse de la circulation, il faut observer que la différence de température entre le tube de départ et celui de retour sera diminuée d'une moitié, et qu'en conséquence la circulation se ressentira de cette diminution et prendra un cours moyen ; de sorte qu'en quadruplant simplement la hauteur verticale sans augmenter en même temps le tube horizontal, le cours de la circulation ne se trouvera accéléré que d'une fois et demie sa vélocité première.

La circulation des molécules échauffées de l'eau dans une colonne ascendante est bien différente du mouvement qui a lieu dans la colonne de retour : dans le premier cas, les molécules, en s'élevant avec une grande rapidité, se déplacent, et l'espace qu'elles occupaient est incessamment rempli par l'eau prenant un cours ascensionnel ; un mouvement général est établi en suivant la même direction, plus rapide vers le centre et se ralentissant graduellement vers la circonférence, où, par le fait du frottement, il devient comparativement plus lent.—Dans la colonne descendante l'action change : le mouvement d'eau qui s'opère ressemble à la gravitation d'un corps solide ; alors, les molécules échauffées ne pouvant se frayer un passage à travers d'autres plus froides et plus pesantes qu'elles-mêmes, un seul mouvement uniforme a lieu, différent de la circulation moléculaire caractéristique du courant ascendant.

Ainsi dans l'appareil, fig. 6, le foyer étant au-dessous de b, dès que l'eau commence à s'échauffer, un mouvement a lieu de bas en haut de b en c; un autre courant s'établit de haut en bas dans la colonne d e, de la même manière que nous venons de le dire. La circulation s'opérant dans le tube e g en raison de la pression exercée par la colonne d e, plus grande que celle de b c, il est évident que l'eau à partir de c, prendra son cours vers le point f et successivement vers d par h, m, l. Cependant, aussitôt qu'une petite quantité d'eau à une température élevée arrivera dans le tube f h, la colonne l m deviendra plus pesante que f h, et conséquemment éprouvera une tendance rétrograde vers la colonne ascendante; mais quel que soit ce poids il doit se trouver en opposition directe avec celui qu'éprouve la colonne descendante d e. Il suit de là que si cette tendance vers le tube e g n'est pas assez forte pour contre-balancer la pression qui a lieu dans le tube l m et produire un mouvement direct, aucune circulation ne pourra avoir lieu.

En estimant la hauteur additionnelle qu'il est nécessaire de donner à la colonne ascendante afin de surmonter un obstacle, il serait nécessaire de tenir compte de l'étendue et du diamètre du tube que parcourt l'eau depuis son point de départ de la chaudière jusqu'à son point de rentrée : de là dépend la différence de température entre les colonnes ascendante et descendante; différence qui, comme on l'a déjà vu, affecte essentiellement la somme de la force motrice de l'appareil. Si l'ensemble des tubes est d'une grande étendue, il suffit de n'augmenter la hauteur verticale du tube ascendant que de peu de chose; si, au contraire, ces tubes ont peu de longueur, il faut donner plus de hauteur verticale. D'après ces observations, on voit qu'il serait difficile d'établir une règle unique et infaillible pour fixer l'élévation à donner au tube ascendant : trop de circonstances pourraient la modifier.

Une trop petite distance entre les tubes de sortie et de rentrée à leur insertion dans la chaudière est impuissante à produire une circulation constante et uniforme. Lorsque les deux extrémités des tubes à leur point d'attache à la chaudière sont séparés l'un de l'autre de 35 centim., cette distance, quand il ne s'agit pas de faire descendre le tube de retour au-dessous du niveau horizontal, suffira, dans tous les cas où le tube serait d'une étendue raisonnée, pour produire une bonne circulation. Ainsi, dans la fig. 8, pl. II, III, admettons que la ligne pointée y z, du sommet de l'appareil jusqu'à la partie inférieure du tube à sa rentrée à la chaudière, soit de 1 mètre, en supposant un diamètre de 8 centim. aux tubes, la ligne a b aura alors 60 centim.; on remarquera que le tube au point b ne descend pas plus bas que l'orifice de la chaudière et que la hauteur entre les deux insertions des tubes, soit b d, est de 35 cent., di-

stance nécessaire pour obtenir une bonne circulation, lorsque surtout la colonne descendante ne devra pas être perpendiculaire au tube horizontal de retour. Ce qui fait que dans la disposition de cet appareil une distance de 35 centim. suffit malgré le frottement extrême qui a lieu aux angles, c'est que la température a une différence opposante plus grande entre les colonnes e f que celle qui existe entre g h, ainsi qu'entre i et l. En raison de cette différence, la tendance vers un mouvement direct est plus grande que la tendance rétroactive et suffit pour surmonter le frottement causé par les diverses déclinaisons verticales. S'il y avait un espace de 15 mètres qui séparât g i de h l, au lieu d'une distance de un à deux mètres, la circulation directe aurait toujours lieu; mais elle éprouverait beaucoup plus de lenteur, parce qu'alors la pression deviendrait plus forte en h et conséquemment la tendance rétrograde s'en trouverait augmentée.

La difficulté d'établir la circulation de l'eau dans cette forme d'appareil est toujours plus grande au moment où l'on vient d'allumer le foyer, parce que la température des tubes conducteurs g h sera presque égale aussitôt que le liquide commencera à s'échauffer; dans ce cas, il sera bon de faire écouler de l'eau par le robinet de décharge r, afin de produire un courant plus actif à mesure que l'on versera cette même eau dans le tube de remplissage t.

Des robinets de décharge devront être également posés aux angles inférieurs des tubes i et g, afin de pouvoir vider complètement l'appareil du liquide qu'il renferme.

Dans ces formes d'appareil, où l'on est obligé de donner plusieurs contours aux tubes, nous devons appeler l'attention sur la nécessité de les purger de l'air qu'ils contiennent. En remplissant d'eau l'appareil, fig. 8, l'air ne pourra s'échapper aux angles *m m m*, des issues seront donc ménagées à ces trois points, au moyen de tubes plus ou moins élevés, et recouvertes seulement par de petits couvercles très-légers.

Ces tubes se placeront, le premier et le plus essentiel, au-dessus de la chaudière en B, fig 2; G, fig. 3, et en *t*, fig. 8. La position des autres issues ménagées à l'échappement de l'air dépendra du plan adopté pour l'appareil; elles devront dans presque tous les cas être placées aux angles les plus élevés des contours formés par les tubes, et de 15 en 15 mètres aux tubes horizontaux des appareils de grande longueur. Non-seulement ils doivent avoir tous leur orifice supérieur au même niveau entre eux, mais encore ils doivent être assez élevés pour servir à l'expansion de l'eau, qui est du vingtième de 0 à 100 deg.

Néanmoins on n'a pas besoin de ce vingtième entier pour l'expansion de l'eau; car elle ne peut être à 100 degrés que dans la chaudière et y revenir à 30; ce qui ferait une chaleur moyenne de 65 degrés. Il faut compter encore sur la dilatation même du métal qui augmente la capacité des tubes. Le peu de vapeur qui pourra se former n'exigera pas non plus beaucoup de place, car elle se condensera dans ces tubes de sûreté, couverts, ainsi que nous venons de l'indiquer, aux points *m m m* de l'appareil, fig. 8.

On devra apporter une grande attention à reconnaître les parties élevées de l'appareil qui pourraient arrêter l'air, lorsque l'on remplit d'eau, afin d'y placer les tubes d'expansion dont nous venons de parler. Le moindre change-

ment dans le placement des tubes courants exigera souvent toute autre disposition de ces tubes de sûreté.

Ce que nous avons fait remarquer pour la hauteur à donner au tube ascendant, eu égard à la déclinaison verticale au-dessous du niveau horizontal de la chaudière, s'applique *également* à toutes les formes que l'on voudra donner à l'appareil.

Il est des dispositions particulières de locaux qui nécessitent de faire courir la colonne descendante, de telle sorte que le tube de retour vers la chaudière devrait passer bien au-dessous de la ligne de base de celle-ci, ainsi que cela aurait lieu fig. 9 et 10. Dans cette disposition la circulation n'aurait lieu qu'avec une extrême lenteur, et souvent il n'y en aurait aucune. M. Léon Duvoir est parvenu à vaincre cette difficulté en donnant une plus grande puissance à la colonne de pression. En *p*, fig. 9, et *s*, fig. 10, il a placé un récipient contenant une certaine quantité d'eau dont il est rempli aux 2/3. Ce récipient est fermé, de sorte qu'il s'y forme de la vapeur. La force élastique de cette vapeur presse sur le liquide de la colonne *d* et lui donne une puissance que l'on pourrait rendre aussi grande que l'on voudrait, en construisant l'appareil en métal d'une épaisseur telle, soit dans la chaudière ou les tubes, qu'il pût résister à la force de la vapeur. Mais, pour éviter l'emploi d'une si grande quantité de métal, M. Duvoir a sagement placé au-dessus de son récipient une soupape de chaudière à vapeur qui se lève lorsque la chaleur de l'eau est arrivée à 120 degrés C.

Mais il est mieux d'éviter des difficultés et des frais en reportant aux points *f f*, la chaudière supposée en *c c* dans les figures 9-10, de manière que *dans aucun cas le tube de retour ne soit que de très-peu plus bas que la partie inférieure de cette chaudière.* Il vaut mieux creuser la terre pour la placer.

La circulation dans un appareil à eau chaude éprouve toujours quelque ralentissement par l'effet du frottement du liquide sur les parois intérieures des tubes. Il est difficile de soumettre au calcul la force de cette résistance ; mais on pourra se rendre compte du frottement relatif aux diverses grosseurs de tubes en se basant sur ce principe, que la résistance est en raison directe de l'étendue de surface des tubes et en raison inverse de tout le volume d'eau : ainsi un tube de 6 centimètres de diamètre présentera une circonférence de 18 centimètres ; mais si on donne à ce tube un diamètre de 12 centimètres, sa circonférence sera également doublée, tandis que dans ce dernier le volume d'eau sera quadruple du volume que contiendrait le tube de 6 centimètres. Il est facile de comprendre alors que la résistance due au frottement sera plus sentie dans les tubes d'un petit diamètre, par le fait de la plus grande surface *relative* qu'ils présentent au contact de l'eau, et aussi par le fait de la circulation rendue plus active.

La résistance relative des tubes de diverses proportions peut être telle que nous allons la noter, en supposant que l'eau circule dans chacun avec la même vitesse :

Diamètres des tubes. . . . . 15 30 60 90 120 millimètres.
Résistance due au frottement. 8 4 2 1⅓ 1

La puissance motrice dans les appareils à eau chaude est donc sujette à des variations constantes : d'un côté la disposition générale des colonnes et des tubes secondaires offrant une plus ou moins grande facilité à la circulation ; de l'autre, le frottement augmentant avec la vitesse du mouvement, et ce mouvement étant ralenti soit par le frottement, soit par la température des salles destinées à être échauffées, il arrive alors que la vitesse effective finit par prendre une impulsion moyenne, ce qui est le fait d'un appareil bien entendu.

On a supposé à tort que dans le cas où l'on fixerait à un tuyau principal deux ou plusieurs tubes de circulation, l'aire ou la section du tuyau principal devait être égale à la somme des aires de tous les tubes latéraux. Cette disposition, lorsqu'on l'a exécutée, a entraîné les plus graves inconvénients. En pareil cas on s'est servi de tuyaux principaux de 20 centimètres de diamètre, tandis qu'étant de 10 centimètres ils eussent mieux atteint le but que l'on se proposait. Si le tuyau principal partant de la chaudière doit fournir l'eau à quatre tubes latéraux, le diamètre n'en devra pas être de beaucoup augmenté, et encore cette augmentation n'est pas d'une absolue nécessité ; elle ne serait même pas utile si les tubes secondaires n'étaient qu'au nombre de deux ou trois, à moins toutefois que le tube conducteur horizontal ne fût d'une grande longueur. Si le nombre de ces tubes secondaires devait être de plus de quatre, il serait alors utile d'augmenter le diamètre du tuyau principal, quoique cependant la circulation de l'eau dans ce tuyau soit d'autant plus rapide qu'il y a plus de tubes latéraux.

Supposons, pour exemple, que quatre tubes latéraux de 10 centimètres de diamètre doivent recevoir l'eau d'une colonne principale de 20 centimètres de diamètre; celle-ci présentera en capacité la même section que les quatre tubes dans lesquels elle déverse le liquide, elle perdra de sa chaleur en diminuant d'autant celle qu'elle doit transmettre aux tubes secondaires; la circulation sera plus lente, l'eau étant refroidie avant le temps voulu; mais si au lieu d'un tuyau de 20 centimètres on ne lui en donne que 12, le liquide alors devra prendre, dans cette colonne, un courant trois fois et demie aussi rapide que dans celle de 20 centimètres, une plus grande somme de chaleur sera transmise aux tubes latéraux, et l'effet désiré sera d'autant plus complet que la colonne ascensionnelle étant plus étroite perdra moins de sa chaleur avant de diviser son contenu dans les quatre autres canaux.

D'après le même principe, quand il s'agira de chauffer par le moyen d'une seule chaudière deux chambres ou deux bâtiments peu distants l'un de l'autre, on trouvera souvent un grand avantage à faire le tube de conduite entre les salles beaucoup plus étroit que celui destiné à émettre la chaleur. Il y aura dès lors économie de chaleur et d'argent en diminuant la grosseur du tube là où il s'agit seulement de rapprocher et de lier entre elles les différentes parties de l'appareil.

Lorsque la colonne ascendante déverse son eau dans plusieurs branches, l'eau circule simultanément dans toutes, et toutes les parties de l'appareil sont échauffées. Si l'on a jugé que l'on serait obligé d'arrêter le mouvement de l'eau dans un ou plusieurs de ces tubes, on aura dû avoir la précaution d'adapter des robinets d'arrêt au commencement des embranchements. Il n'est pas nécessaire que les robinets destinés à cet usage soient aussi larges que le calibre des tubes, car étant plus petits l'eau annulera d'autant plus facilement l'obstacle qu'ils présentent. Il faut observer que cette sorte d'obstacle à la circulation amène une différence sensible de température entre le tube qui fournit l'eau et celui qui la reçoit, et qu'alors l'ouverture du robinet fait augmenter vers ce point la vélocité de la circulation.

Il ne faut pourtant pas que la disproportion soit trop grande; néanmoins un orifice de 7 centimètres pourra convenir pour un tube de 10 centimètres, de manière à ne diminuer l'aire ou la section que de moitié du total.

Pour interrompre la *circulation dans un tube plat*, on fait une *vanne*, c'est-à-dire une lame de cuivre y glissant entre deux rainures du tube, fig. 11, il faut par conséquent établir l'horizontalité du tube ou faire manœuvrer dans un tube supérieur.

QUELQUES APERÇUS SUR LA CAPACITÉ DE LA CHAUDIÈRE ET DE SES TUBES. — La puissance du thermosiphon dépend : 1° de la quantité d'eau qu'il contiendra, soit qu'elle circule dans des tubes ou qu'elle passe dans des récipients ou poêles d'eau ;

2° Du soin qu'on aura mis dans le placement des tubes pour que, dans son parcours, l'eau ne rencontre point d'obstacle et coule avec rapidité;

3° Du degré de chaleur de l'eau qui doit partir de la chaudière le plus près possible de l'ébullition et rentrer avec le moins de degrés possible, ce qui ne peut guère avoir lieu au-dessous de 30. — En effet, si on plaçait assez de tubes pour que la longueur du parcours permît à l'eau de revenir à un degré trop bas, il en résulterait qu'une partie de ces tubes produirait trop peu d'effet et serait d'une dépense inutile.

Mais pour obtenir le refroidissement à 30 degrés il faut un immense parcours, et pour que la circulation soit d'une utilité complète il est nécessaire qu'aucun obstacle n'en ralentisse le mouvement.

En effet, si la circulation était lente, il reviendrait à la chaudière une moindre quantité d'eau dans un temps donné, et l'on ne pourrait utiliser sa capacité ou le combustible qu'on y emploierait et dont le produit calorifique se perdrait par la cheminée.

La forme à déterminer pour l'établissement de l'appareil dépendra du besoin que l'on aura de chauffer avec promptitude, sans s'inquiéter si la chaleur se conservera longtemps après que le foyer sera éteint, ou du besoin de chauffer longtemps sans être obligé de surveiller le renouvellement du combustible, et sans obligation que le local arrive promptement à un changement de température.

Le chauffage des serres chaudes nécessite l'emploi du premier moyen à cause des changements brusques de température survenant dans l'atmosphère. Le second moyen convient aux habitations et surtout aux serres tempérées pour lesquelles on ne veut pas s'astreindre à surveiller le foyer pendant la nuit.

Si l'on veut que la chaleur se conserve plusieurs heures après que le foyer est éteint, de larges tubes ou des repos de chaleur dans des poêles d'eau seront indispensables ; mais, dans le cas où il importe peu que la chaleur se conserve après l'extinction du feu, on pourra alors se servir avec avantage de petits tubes. On peut établir comme règle générale qu'on ne doit se servir dans aucun cas de tubes dont le diamètre excède 10 centimètres ; car si le diamètre en est plus grand, le volume d'eau qu'ils contiennent est si considérable, qu'il faut un long temps avant de le chauffer, ce qui fait que l'excédant du chauffage devient pour la dépense un objet important. Pour toute espèce de serres et bâtiments, il serait généralement mieux d'employer des tuyaux méplats de 3 centimètres d'épaisseur sur une hauteur de 17 à 33 centimètres ; nous ne conseillons pas d'en employer de plus grands.

Pour un appareil à vapeur la capacité de la chaudière doit être exactement proportionnée à l'étendue du tube qui en dépend. — Le contraire arrive pour un appareil à eau chaude : par rapport au calibre des tubes, elle sera d'une moindre capacité ; pourvu, toutefois, qu'elle présente au foyer et aux produits de la combustion d'assez larges surfaces.

On voit dans les appareils fig. 12 et suivantes, et décrits ci-après, que l'on obtient facilement ces surfaces.

Jusqu'à présent on a procédé le plus souvent par tâtonnements dans l'établissement des appareils, parce que les savants n'avaient pas toujours été appelés auprès des constructeurs pour les aider à calculer les surfaces de chauffe qu'il est nécessaire de donner aux appareils ; en conséquence aucune donnée claire et positive n'avait été publiée sur ce sujet, hors ce que M. Peclet en avait indiqué par des formules algébriques dans son Traité de la chaleur. Un amateur d'horticulture, M. Sebille Auger, qui a calculé les effets du thermosiphon, a bien voulu nous communiquer le résultat de ses savants travaux. Nous avons fait un extrait des matériaux qu'il a bien voulu nous communiquer (lequel, dépouillé des formules algébriques et mis en langage vulgaire, a été placé, sous forme d'appendice, à la fin du présent ouvrage).

Dans l'absence de données exactes, voici comment la plus grande partie des constructeurs de thermosiphons calculent : .

S'il s'agit d'une chambre habitée dans un pays de moyenne température, telle que celle de Paris, on peut comptér un mètre carré de surface de tubes d'un thermosiphon pour 40 mètres cubes de chambre.

Dans les serres presque entièrement closes de vitrage, un mètre carré de superficie des mêmes tubes ne comptera que pour 5 à 10 mètres cubes, selon que l'on voudra la serre plus ou moins chaude.

Dans une serre froide deux tubes de 10 centimètres de diamètre suffisent pour chauffer chaque pan de vitrage de 2 à 3 mètres de hauteur. Dans une serre tempérée 4 tubes, et dans une serre chaude 6 tubes. Voilà tous les calculs de la plupart des constructeurs qui n'ont pas étudié la physique des calorifères.

Le chauffage d'une serre ou d'une habitation serait une chose bien facile et n'exigerait qu'une quantité minime de combustible, s'il ne s'agissait que d'élever la température de la pièce à chauffer du degré actuel à celui que l'on veut obtenir.

Supposez, en effet, une serre de la contenance de 500 mètres cubes d'air, dont la température devrait être portée de 5 à 20 degrés. Pour avoir le nombre des unités de chaleur nécessaires, on divise 25 par 2 et 85 centièmes, et l'on multiplie 500 (nombre des mètres cubes à échauffer) par le quotient de cette division, ce qui donne 4,386 unités de chaleur. La production de cette chaleur exige seulement 1 kilogramme 218 grammes de houille, nombre qu'on obtient en divisant 4,386 par 3,600, puissance calorifique supposée réelle de la houille.

La difficulté n'est pas d'échauffer une serre donnée, mais de compenser le refroidissement constant que lui fait éprouver l'action de l'air extérieur qui y pénètre, en chassant un volume d'air chaud égal à celui d'air froid entrant; et qui de plus, en refroidissant par son contact les parois de la serre, refroidit aussi l'air qu'elle contient. Il faut donc déterminer la quantité totale du refroidissement qu'éprouve, dans un temps donné, la pièce qu'on veut chauffer, et chercher ensuite la surface de tubes capable d'émettre dans le même temps une quantité de chaleur égale à celle perdue. Pour avoir égard à chacune des causes de refroidissement, il faut étudier les calculs de refroidissement qui se trouvent enseignés dans l'*Appendice*.

THERMOSIPHON A EFFET PROMPT. — Les thermosiphons peuvent être divisés en deux classes :

1° Ceux qui doivent donner une chaleur presque instantanée ;

2° Ceux qui doivent procurer une température douce et durable.

Les premiers sont applicables aux serres chaudes, à celles des primeurs et de multiplication. En effet, quand, par un temps froid, le soleil, qui échauffait suffisamment et même surabondamment ces locaux, vient à être voilé tout d'un coup, le jardinier est obligé pour maintenir ses plantes dans un état de végétation permanente, de remplacer par artifice la chaleur qui lui manque. Alors il faut que l'appareil destiné à cet usage soit pourvu d'une grande étendue de tubes minces, et que la chaudière rentre dans la même condition : celle d'offrir une grande surface de chauffe et de contenir assez peu d'eau pour qu'en peu de temps cette quantité parvienne au degré de l'ébullition.

Il faut, au contraire, des vases d'une grande capacité de liquide aux thermosiphons destinés au chauffage des habitations et à celui des serres où il n'y a pas de raisons pour chauffer avec tant de promptitude, tandis qu'il y en a pour produire une chaleur égale et qui dure longtemps.

Nous traiterons d'abord des thermosiphons à effet prompt.

La fig. 12 offre une chaudière en cuivre composée de plateaux *a* à doubles parois, c'est-à-dire creux à l'intérieur et destinés à être remplis d'eau par l'ouverture *b* où est placé le tube de remplissage. — C'est le foyer ; l'air brûlé s'écoule par D, E, F. Cette fig. 12 représente l'appareil par devant, du côté de l'ouverture du foyer dont on peut voir la porte J, fig. 14, avec la même figure représentée sous l'enveloppe des briques par des lignes ponctuées. La fig. 13 représente la partie postérieure, où l'on saisit de même le parcours de l'air brûlé. La fig. 15 est la coupe longitudinale d'un semblable appareil sur une échelle un peu plus grande. La chaudière s'établit sur un lit de briques, fig. 13. On construit autour un petit mur de briques sur champ ou à plat afin de soutenir les côtés *a d*, que le poids de l'eau ferait gonfler, et afin aussi de compléter l'appareil en achevant les conduits d'air brûlé D, E, F, G.

On pourrait cependant composer cette enveloppe en cuivre, formant, comme pour le reste, des plateaux à doubles parois, et contenant de l'eau ; mais il est évident que la dépense serait peu profitable quand la chaudière ne serait pas destinée à chauffer par elle-même, mais à échauffer l'eau des tuyaux qui doivent circuler dans les lieux à échauffer.

Les plateaux *a* communiquent tous ensemble ; de manière qu'en versant l'eau par l'orifice *b,* tous ces plateaux et les tubes conducteurs se remplissent à la fois. Les *tubes bouilleurs* communiquent encore avec les plateaux. Leur effet est de multiplier les surfaces de chauffe, cependant on n'en fait pas toujours usage ; et selon la puissance que l'on veut donner au thermosiphon, on en adapte plus ou moins. Par exemple, ceux qui sont le plus utiles, parce que leur effet est plus rapide, sont ceux qui sont désignés dans les fig. 12, 13, 15, par la lettre K. Les bouilleurs du bas servent de grille sur laquelle pose le combustible. On se sert rarement de ceux des côtés ; mais c'est par économie, car leur utilité est incontestable.

Quand les chaudières sont grandes, on incline les côtés de la partie supérieure comme en F, fig. 12 et 16 ; mais quand elles sont de petite proportion, on établit ces côtés droits comme E, fig. 13.

Si l'on n'avait pas suffisamment compris l'explication des fig. 12, 13, 14, nous engageons les lecteurs à étudier les fig. 15, 16, 17, portant les mêmes lettres de renvoi.

Aux fig. 16, 17, se voient les tubes de départ L et de retour M de l'eau de circulation, et la manière dont ils sont ajustés à la chaudière. Ces tuyaux sont disposés ici pour le chauffage d'une serre où ils doivent être placés à 60 ou

80 cent. au-dessous du sol; mais on pourra les disposer tout autrement selon les besoins, et suivre la direction indiquée en P, fig. 17, par des lignes ponctuées.

Les tubes que nous supposons ici sont de forme aplatie ; ils s'embranchent dans un tuyau rond *p*, lequel est soudé à la chaudière. La coupe de ces tubes est représentée en N, fig. 11. Leur mesure est ordinairement de 16 cent. de haut sur 25 millim., on peut leur donner jusqu'à 30 centim. en cuivre sur 30 millim.; mais il faut alors, s'ils sont en cuivre mince, qu'ils soient soutenus sur leurs flancs, afin de ne pas céder à la pression de l'eau. Quand on veut obtenir de l'humidité dans la serre, on les fait surmonter de petits rebords *o o*, de 2 à 3 centim., pour retenir de l'eau que l'on y verse ou que l'on y fait parvenir par un tuyau ou un robinet. L'évaporation qu'elle produit est utile dans certains cas dont les jardiniers sont appréciateurs.

L'appareil de chaudière fig. 12 à 17, qui vient d'être décrit, remplit parfaitement son but de chauffer avec promptitude et sans perte de chaleur, aussi nous en avons conservé le dessin tel qu'il a été fait pour la 1re édition. En effet, le principe est le même pour telle forme de chaudière que ce soit, qui pourra toujours être logée dans une bâtisse en briques à peu près comme celle des fig. 14, 15, 16. Mais sa confection, résultat de sa forme, exige l'emploi de la soudure à l'étain, qui pourrait occasionner quelquefois des fuites si elle n'était pas faite avec tous les soins nécessaires.

Pour parer à tout, M. Fontaine a donné une forme différente à la chaudière, afin de pouvoir *clouer* les jonctions des lames de cuivre sans employer la soudure à l'étain.

Pour atteindre ce but, il a donné à l'appareil la forme ronde que l'on voit dans la fig. 12 bis, pl. IV.

La chaudière A est représentée dans sa coupe transversale. Elle est de forme ronde et composée de deux cylindres concentriques contenant l'eau en *a a*, comme les plateaux de la fig. 12. En C, on voit la grille du foyer. La chaleur de ce foyer passe avec la fumée sous le cylindre et entre dans son intérieur par l'extrémité D, mais seulement dans la section basse E, car la capacité de ce cylindre est partagée par un plateau formant cloison d'eau M. Arrivée à ce point M, la fumée arrivant par la section E passe par une ouverture dans la section F qu'elle parcourt jusqu'à sa sortie par le tuyau de cheminée H, donnant sa chaleur dans ces trois parcours au milieu des plateaux d'eau *a a*. On ajoute, si l'on veut, des *bouilleurs* aux points *i k*, dont l'un peut servir de tuyau de retour de l'eau. Sous la cloison M on a plié le cuivre comme on le voit fig. 15 *bis*, en forme de demi-tubes, de manière à ralentir le cours de la chaleur et à s'en emparer au profit de l'eau contenue dans cette cloison.

En N, on place le cube de remplissage, et en P le tuyau de départ de l'eau pour revenir par le tube N. Après avoir échauffé le local, on fera bien de toujours placer le tube de remplissage sur celui de retour de l'eau, près de sa jonction avec la chaudière. Cette arrivée de l'eau dans la chaudière par le bas chasse en haut les bulles d'air qui pourraient y rester, si on la versait par les tubes élevés.

La fig. 15 *bis*, pl. IV, donne la coupe longitudinale du même appareil dont l'explication et les signes de renvoi sont les mêmes que sur la fig. 12 *bis*. La lettre S indique la bâtisse dans laquelle doit se placer la chaudière A. En J la porte du foyer. En R est le cendrier, et en L un carneau, bouché par une porte ou par des briques mobiles ; cette ouverture sert à nettoyer la chaudière de la suie qui couvre ses parois.

Souvent des constructeurs ont copié la forme ronde de cet appareil, mais ils n'ont pas pratiqué la cloison intérieure qui augmente le travail, ni les bouilleurs. Ces constructeurs sont restés, par ce défaut de bonne et intelligente confection, au dessous même de la première idée des anciennes chaudières. Néanmoins, ils se sont fait connaître, et ont fourni les serres d'appareils qui sont loin d'être dans le progrès.

Nous devons donc recommander, dans le seul but d'être utile, les thermosiphons que M. Fontaine, de Versailles, a établis avec tant de succès dans le potager impérial et dans une infinité d'autres établissements en France et à l'étranger.

M. Fontaine nous a permis la publication de son appareil. La discrétion nous fait un devoir de nous borner à indiquer seulement ici une autre chaudière bien plus puissante à laquelle sont ajoutés des tubes de chauffe beaucoup plus prolongés et susceptibles de servir à de très-grands locaux. Un autre appareil, en sens inverse, se fait très-petit et à plus bas prix pour de petits locaux, au moyen d'un serpentin.

La forme des chaudières pour les habitations devra toujours être cylindrique ; elles pourront être placées au point le plus bas de la maison qu'on aurait à chauffer, sans qu'on ait de gonflement ni de rupture à craindre.

Quand il y aura des tubes ou des poêles d'eau placés au-dessus du niveau de la chaudière, toutes les parties inférieures devront être rondes, tubes et chaudières, afin de résister au poids de l'eau supérieure. — Autrement, on serait obligé d'employer de la fonte ou du fer battu.

On ne saurait trop répéter que les tubes de communication, à leur départ, doivent être enveloppés de matières non conductrices du calorique, afin qu'ils puissent conserver toute leur chaleur et la porter où elle est nécessaire.

Arrivés dans les pièces à échauffer, ils dégagent le calorique par des bouches de chaleur grillagées. Les tubes de retour passent sous le sol. Ces conduits sont recouverts de planches que l'on peut enlever pour les visiter. L'air arrive du dehors en suivant ces conduits, où il s'échauffe, et se dégage dans les pièces par des bouches de chaleur.

APPAREILS A EFFET MOINS PROMPT, MAIS PLUS PROLONGÉ. —Les appareils que nous avons décrits ne contenant qu'une chaudière à plateaux minces, qui renferment peu d'eau, et des tuyaux où l'eau sera toujours dans une active circulation, la chaleur se répandra promptement dans le local; mais elle ne sera pas d'une longue durée, parce que la masse d'eau étant peu considérable, le refroidissement en sera prompt.

Mais si, dans le local, on place un récipient ou poêle d'eau où les tubes viennent verser leur eau chaude dans sa partie supérieure, d'où elle repart par un tube inférieur pour retourner à la chaudière, la quantité d'eau contenue dans ces vases, formant une masse que l'on rendra plus ou moins considérable selon le besoin, servira de dépôt où la chaleur sera retenue plus longtemps. Aussi cette masse prendra plus de temps pour s'échauffer. On donnera à ce récipient la forme que l'on jugera convenable, pourvu qu'il offre des surfaces métalliques noires. Ainsi ce sera un cylindre de cuivre ou de tôle comme la fig. 18, pl. V, et son plan comme la fig. 19. Un tube vide, au milieu A, donne passage à l'air venant d'une pièce plus froide, et cet air s'échauffe aux parois du métal. L'espace V sera donc rempli d'eau. L est le tuyau de départ, et M celui de rentrée de l'eau; *m* une cloison pour forcer l'eau à tourbillonner dans le cylindre.

Une caisse de bois à claire-voie pourrait renfermer un vase carré en cuivre mince, ce serait un énorme dépôt de chaleur. On lui ferait, s'il était nécessaire, transmettre plus rapidement cette chaleur en le faisant traverser par des tubes vides qui prendraient l'air froid au-dessous pour le transmettre chaud au-dessus.

On a vu faire arriver l'eau dans un tonneau, qui servait seulement de dépôt de chaleur pour la conserver plus longtemps aux tubes qui s'y rendaient et en repartaient pour échauffer le local.

La fig. 20 représente une chaudière de thermosiphon à laquelle on a donné une forme convenable pour la placer dans l'angle d'une chambre et figurer un poêle cylindrique. Ses parois échauffent directement la pièce sans aucune autre enveloppe. Sa surface est peinte au vernis noir. Les ornements consistent en un socle de bois, deux cercles en cuivre *y*, et un dessus de marbre Sainte-Anne placé un peu au-dessus du chapiteau *y* au moyen de cales, afin de laisser passer la chaleur produite par le centre.

Ce cylindre est fait de cuivre en planches et à doubles parois; *a*, fig. 21, représente la coupe; C est le foyer; *d* la porte du foyer; H le tuyau à fumée; derrière le tuyau à fumée est, comme en L, fig. 18, le tube de départ de l'eau; M le tube de retour; *b* les plateaux horizontaux renfermant l'eau qui s'échauffe au passage des produits de la combustion qui suivent le canal indiqué par des flèches jusque dans le tuyau à fumée H. Trois tampons mobiles *c* servent au nettoyage; leurs surfaces extérieures, en cuivre, figurent des patères. Le plan ou coupe horizontale 22 fait voir le plateau circulaire *b b* formant la paroi extérieure de la construction, et *a*, fig. 21, un plateau. Le tube de remplissage est en P, celui d'expansion en R, fig. 18.

Le tube de départ L descend en *s* sous le plancher, fig. 23, va échauffer un poêle d'eau plein dans une autre pièce ou un autre angle de la même pièce et revient se réchauffer au point M, comme dans la fig. 21. Des robinets seront placés aux tubes inférieurs pour vider tout l'appareil.

Mais ici se présente une difficulté. Si on place ce *poêle d'eau* dans la même pièce que la chaudière 20, il devra avoir la même forme et la même hauteur pour faire parallèle (*). Le tube L, de départ, sera de même hauteur pour descendre au-dessous du plancher que le tube N, fig. 23, qui devra rentrer dans le poêle d'eau pour l'échauffer et revenir par le tube M. Ce tube N, par sa position perpendiculaire, offrira une résistance trop grande par l'effet de son poids, effet qui tendra à faire rétrograder la colonne d'eau au point que le mouvement en sera considérablement ralenti.

(*) Sauf le tuyau H à fumée, qui n'y sera pas, et sauf enfin que le tube P ne sera qu'un tube d'expansion R.

Le retour O présentera aussi une certaine résistance, mais minime en comparaison.

On pourrait donner un mouvement plus actif à la circulation en élevant de 1 mètre à 1 mètre 40 centimètres le tube L ; comme on le voit par la ligne ponctuée i, fig. 23. Cette élévation donnerait dans le tube tt un poids qui contre-balancerait en partie la résistance de N.

Un autre moyen plus efficace serait de donner aux tubes de départ et de retour la position horizontale de la fig. 3, pl. Iʳᵉ. Car il résulte d'expériences faites que la différence de mouvement entre la position des tubes comme en L N, fig. 23, pl. V, et la position horizontale, fig. 3, est si grande, que celle-ci donne un mouvement cinq fois plus rapide que la première.

L'inconvénient résultant de cette disposition du tube tout à fait horizontale, consiste en ce qu'il faudra le cacher dans la muraille, tandis qu'il aurait été placé beaucoup plus commodément sous le plancher.

Enfin il est encore un moyen de remédier en grande partie, mais non complétement, à la lenteur de la circulation, c'est de donner au poêle d'eau R une proportion différente, c'est-à-dire celle de 30 centimètres seulement de hauteur sur la largeur que la place permettra, ou que le local à échauffer nécessitera. Alors le tube supérieur pourra être logé sous le plancher, car la résistance de N sera de beaucoup diminuée.

Chauffage particulier des serres de multiplication pour les plantes, applicable aux baches des serres chaudes. — Dans les serres de multiplication et même dans les serres chaudes, les horticulteurs ont remplacé le fumier et le tan par le thermosiphon. Au milieu d'une serre à deux pans, fig. 24, pl. IV, est un coffre A de 1 mètre de hauteur, se prolongeant dans toute la longueur de la serre, sauf les passages aux deux extrémités.

Sur la terre C, ou sur des supports, sont placés les tubes B. Ils sont figurés ici méplats, mais on peut les établir cylindriques. Au-dessus, sur un plancher c, est versé un lit de sable blanc, dans lequel sont logés des pots contenant les plantes qui exigent de la chaleur, ou les terrines et godets à multiplication. La chaudière peut être placée sous le coffre si la serre est grande, sinon elle peut être placée ailleurs, par exemple en d ou en c. On est à même, aussi, de faire circuler une partie des tubes dans la serre, hors du coffre, pour l'échauffer dans toute son étendue. Les côtés A A ont, de distance en distance, des ouvertures fermées de portes, et destinées à entrer pour les réparations, ainsi qu'à donner de l'air chaud hors du coffre.

Le plancher c est souvent composé de planches de chêne, quoique le bois soit peu conducteur du calorique ; mais la facilité que présente l'emploi de cette matière fait passer sur son inconvénient. Une matière bien plus convenable sous le rapport de la conductibilité, serait la fonte de fer employée en tables minces posées sur des barres de bois. — Si on ne pouvait s'en procurer, il vaudrait toujours mieux substituer les tuiles au bois.

Des horticulteurs font courir les tubes au milieu d'un lit de tan ou de sciure de bois, dans lequel les pots sont logés. La chaleur s'y conserve, comme de raison, fort longtemps.

Soins a donner aux appareils. — Quand on remplit

l'appareil, il est essentiel qu'il ne reste pas de vide dans quelques-unes de ses parties ; et pour cela il est toujours préférable que le tube de remplissage descende jusqu'au fond de la chaudière, parce que, en cas d'irrégularité dans la position des pièces qui le composent, l'eau arrivant en montant chasserait devant elle l'air qu'elle pourrait rencontrer ; car en certains cas et dans certaines formes de chaudières, cet air pourrait porter obstacle au mouvement du liquide ; cependant si l'on a eu soin de placer des tubes d'expansion à tous les tubes supérieurs, cet inconvénient ne sera guère à craindre.

Nous répéterons ici que si l'appareil était d'une grande étendue, et que le mouvement ne parût pas s'établir aussitôt que le feu serait bien allumé, on pourrait le déterminer en tirant quelques litres d'eau par le robinet de décharge, et en ajoutant une pareille quantité dans un tuyau d'expansion.

Les tubes de remplissage, comme ceux d'expansion, serviront encore à sonder la hauteur de l'eau, dont il faudra s'assurer tous les jours afin de tenir l'appareil plein.

On doit avoir grand soin, quand dans l'hiver on a un appareil dont on ne fait pas d'usage, de le vider pour éviter les effets de la gelée, car, ou elle ferait crever les tuyaux, ou elle les gèlerait pareillement, ce qui empêcherait le mouvement de l'eau quand on allumerait le feu.

S'il arrivait une fuite imprévue à une partie d'un appareil en cuivre, on la boucherait provisoirement avec une espèce d'emplâtre fait d'une feuille de plomb mince ou d'un morceau de cuir enduit de blanc de céruse et de minium, ou bien de craie humectée à consistance épaisse avec du blanc d'œuf. On ferait tenir cet emplâtre avec du fil de fer ou de laiton, ou par une forte pression quelconque.

Exemples de la puissance du thermosiphon. — Il est facile de placer le thermosiphon dans un cabinet donnant entrée à la serre et de faire courir les tubes au-dessus ou au-dessous des tablettes placées toujours au bas des vitrages, mais nous devons donner des exemples de chauffage de serres offrant une grande étendue et exigeant, en conséquence, un grand développement de tubes pour en chauffer toutes les parties à volonté.

D'abord nous mentionnerons la serre Rothschild à Suresnes ; son plan, fig. 25, pl. IV, ne présente pas moins de 40 mètres de long sur 13 de large, et son élévation moins de 7 mètres. Cette serre est un jardin d'hiver mentionné avec plus de détails dans l'*Art de construire et de gouverner les serres*, par M. Neumann.

Ce vaste local est chauffé au moyen de quatre thermosiphons de 2 mètres chacun de longueur, placés chacun dans des cabinets souterrains aux quatre points L. Les tubes s'élèvent à 30 centim. du niveau du sol qu'ils parcourent entre l'encaissement A et le mur de la serre dans le conduit indiqué par la lettre r. Ils se retournent au milieu de la serre pour revenir chacun à sa chaudière, mais après avoir circulé dans un poêle d'eau ou récipient placé en b. Ils chauffent, par conséquent, chacun un quart de la serre. Les tubes sont méplats, de 35 centim. de haut sur 3 d'épaisseur. Les récipients sont cylindriques, ils ont 60 centim. de diamètre, 50 de haut et sont percés au milieu, de bas en haut, d'une ouverture de 20 centim. pour laisser passer et échauffer l'air qui vient du dessous. Sous les encaissements ou bâches de terre A qui suivent les murs et les vitrages latéraux, on a pratiqué, de mètre en mètre, un conduit transversal de 10 centim. de haut et 25 de large, par où l'air vient du passage T s'échauffer aux tubes, qui passent en *r*, et élever la chaleur qui resterait confinée dans ce conduit *r*. La fig. 26 donne la coupe transversale, et la fig. 27 la vue extérieure.

Nous donnerons aussi une idée de la manière dont est chauffé le célèbre jardin d'hiver de Sa Grâce le duc de Devonshire.

CHAUFFAGE DU JARDIN D'HIVER DE SA GRACE LE DUC DE DEVONSHIRE A CHATSWORTH, EN ANGLETERRE, ÉTABLI SOUS LA DIRECTION DE M. PAXTON. — Construit dans des proportions telles que l'on peut s'y promener en calèche (*), ce jardin d'hiver, le plus magnifique de tous ceux qui existent jusqu'à présent, nécessitait un moyen de chauffage qui pût entretenir dans leur belle nature les végétaux des deux Amériques et des contrées de l'Asie. M. Paxton, jardinier de Sa Grâce, a pour lui le mérite de la difficulté vaincue en ce qu'il est parvenu à chauffer un espace de plus de 16,000 mètres cubes *au moyen de l'eau chaude* en circulation, problème qui, avant lui, semblait ne pouvoir être résolu pour le chauffage d'une telle masse d'air.

Il faut encore ajouter à la difficulté vaincue l'enveloppe de ce vaste local entièrement composée de vitres, et l'on sait que le verre occasionne un refroidissement dix fois

---

(*) Cette serre immense n'a pas moins de largeur que le marché aux fleurs de Paris, dans la Cité, depuis le parapet jusqu'aux maisons, et sa longueur comprend les trois quarts de celle de ce marché. La hauteur du cintre est de 20 mètres. V. la coupe, fig. 29, pl. VI-VII.

plus considérable que celui qui a lieu dans les appartements.

Voici une description des appareils :

L'ensemble se compose de 8 chaudières, de thermosiphons avec foyers, de 40 tubes et de 24 récipients ou poêles d'eau alimentés par les tubes.

Quatre chaudières A, fig. 28, pl. VI-VII, sont destinées à porter la chaleur autour de la serre.

Quatre autres chaudières B échauffent les parties plus centrales.

De chaque chaudière part un tube principal de 20 cent. de diamètre, aboutissant à un poêle d'eau *r*. Ce poêle ou récipient rend l'eau apportée par le tube de 20 cent. à 5 autres tubes de 15 cent. placés au-dessus les uns des autres, ainsi que l'on peut voir dans la coupe, fig. 29, *s*.

Ces cinq tubes, après avoir alimenté deux autres poêles, reviennent à un quatrième où leur volume d'eau est rendu à un tube de 20 cent. qui rentre en partie refroidi à la chaudière. Ceci s'entend pour les quatre thermosiphons des centres ; car ceux qui règnent autour de la serre n'alimentent chacun que deux poêles d'eau, et les petits tubes n'ont que 10 centimètres.

Quand on aura trouvé sur le plan les chaudières A et B, il sera facile de reconnaître les tubes et la circulation de l'eau indiquée par des flèches. On remarquera facilement la différence de grosseur des tubes de 20 cent. et de ceux de 10. Les récipients sont indiqués par la lettre *r*.

Toutes les pièces des appareils sont en fonte de fer. Les chaudières ont la forme d'un fer à cheval dans leur coupe transversale. Elles mesurent 2 mètres et demi en longueur,

1 mètre 40 cent. de largeur à leur base, et 70 cent. de hauteur. La capacité entre les parois est de 20 cent. Le foyer, placé au milieu, donne une section de 45 cent. de haut sur 1 mètre à la base. La chaudière est posée sur une solide bâtisse en briques.

Les poêles sont des caisses de forme quadrangulaire de 1 mètre de longueur sur 70 cent. de large et 1 mètre 30 de hauteur, environ.

Le parcours total des tubes d'eau n'a pas moins de 4,000 mètres (une lieue de France).

La fumée, en s'échappant des foyers, va se rendre dans un conduit commun, ainsi que le montrent les lignes ponctuées à l'intérieur de la serre au-dessous des chemins, près des murs; elle circule ainsi tout autour et s'échappe enfin en dehors par le côté est pour aller se perdre à quelque distance au milieu des arbres.

Le service des chaudières se fait par un tunnel pratiqué à l'extérieur; au-dessous de la surface du sol, il a 2 mètres et demi de haut sur une largeur de 1 mètre 25 cent. Un chemin de fer établi sous ce tunnel et en communication avec le magasin de houille, permet de faire circuler librement, et sans encombre, les chariots portant le combustible. Ce jardin d'hiver devant rappeler pour quelques instants la nature et le climat des contrées tropicales, on a caché aux regards des visiteurs le feu, les tuyaux, les conduits de fumée, les pompes destinées à l'arrosement, etc., tout est dissimulé; les plantes semblent s'y produire comme par enchantement.

La fig. 28 donne le plan général de la serre de Chatsworth.

La fig. 29 fait voir la coupe transversale; *c* sont les chemins; D, les carrés ou massifs destinés à recevoir les végétaux en pleine terre; *s*, parties couvertes recevant dans l'intérieur les dix tuyaux de circulation autour de la serre; au-dessus est une tablette couverte de plantes en pots; *h*, vides ménagés pour la circulation des dix tuyaux des milieux; ces vides sont recouverts de plusieurs plaques de fonte mobiles, laissant des jours entre elles. Les colonnes soutenant la charpente de la serre partent du sol au-dessous de ces plaques dissimulées par des plantes en caisses placées dans les entre-colonnements.

En *i* sont des conduits de fumée.

Cette serre ainsi chauffée, on a disposé les divers végétaux eu égard à la quantité du calorique dégagé dans telle ou telle partie : ainsi les côtés est et ouest, étant ceux où l'eau chaude circule dans un plus grand nombre de tuyaux rapprochés, ont dû recevoir les plantes dont la végétation n'a lieu que sous l'influence d'une chaleur élevée; les extrémités sud et nord étant les régions tempérées de ce monde végétal, en raison du moins grand nombre de tuyaux de chaleur et de leur proximité des portes d'entrée on a dû y placer les végétaux de climats moins habitués aux feux de l'astre qui les vivifie tous.

Ainsi, on peut visiter dans cet espace circonscrit, et le climat tempéré de notre Provence, et le climat brûlant des tropiques.

La construction de ce palais de cristal et sa description se trouvent dans l'*Art de construire et de gouverner les serres,* par M. Neumann.

NOTIONS

LE CALORIFÈRE A AIR CHAUD.

Le but du présent ouvrage est le chauffage par le thermosiphon, et c'est pour étudier en particulier ce genre de chauffage que l'on s'est empressé de se procurer la première édition.

En cédant à la demande de beaucoup de personnes, nous publions une nouvelle édition que nous avons abrégée en ne reproduisant pas toutes les formes de calorifères à air chaud. Mais nous allons cependant donner des notions suffisantes de ce système dans des appareils d'une exécution facile et auxquels on peut donner une grande puissance, puisque l'on peut les multiplier de manière à produire tout l'effet désiré dans tel local que ce soit. De tous les appareils ce sont les moins coûteux.

Il y a cependant un appareil encore moins coûteux : c'est le poële de brique dont nous allons donner une idée, et qui peut chauffer les orangeries ou serres froides pour les camélias, les pélargoniums, etc., et autres végétaux qu'il faut seulement garantir de la gelée.

A un des bouts de la serre, du côté du vitrage, on établit un poële carré en briques dont la porte a son ouverture en dehors, de manière à obtenir un fort tirage tout en évitant la fumée. Ce mode de placement de la porte ne fait perdre aucune chaleur.

Le tuyau à fumée se compose d'un tuyau de terre cuite de 15 à 20 centimètres de diamètre, s'élevant à peine de 30 centimètres pour 10 mètres, et sortant à l'autre bout de la serre, verticalement, pour lancer la fumée au dehors. Le foyer d'appel indiqué page 9, sera établi au bas de ce tuyau vertical.

Si on ne peut employer de tuyau de terre cuite, la conduite de la fumée aura lieu entre deux rangées de briques recouvertes de tuiles.

Souvent ces conduits de fumée se placent sous les chemins et ne sont pas aperçus. Ils sont dans une position horizontale et n'en marchent pas moins bien.

Description des calorifères à air de la planche VIII.

Les fig. 30, 31, pl. VIII, donnent un calorifère d'une exécution si aisée que tout constructeur qui aura à sa disposition des briques et quelques tuyaux pourra l'établir lui-même, fût-ce même un maçon ou un jardinier.

A entrée du foyer ; — *b* grille ; — *c* entrée de l'air d'alimentation pour le combustible ; — *d* quatorze tuyaux en fonte de fer, exposés au foyer, et autour desquels circule l'air brûlé avant d'arriver dans le tuyau à fumée *k*. L'air extérieur entre par le canal E, passe dans les tuyaux *d*, ressort dans la chambre de chaleur G en passant au-dessus du récipient *h* d'où il sort échauffé pour se rendre dans les conduits jusqu'aux bouches de chaleur. — *i* est une bouteille d'eau qui verse peu à peu dans le récipient pour rafraichir l'air (*). — *k* est le tuyau à fumée ; — *m* est une ouverture donnant accès à l'air même de la pièce dans le cas où il conviendrait de l'employer en fermant le registre E. Cet appareil formerait un bon poêle pour une serre.

En *n* est un carneau fermé par un tampon composé d'une brique que l'on peut tirer pour opérer le nettoyage, lequel s'achève par l'orifice du tuyau à fumée et par le foyer.

On n'a supposé que 45 centim. aux tuyaux *d*, mais on est libre de les faire aussi longs que l'on veut en élargissant la bâtisse et employant plus de combustible.

Les fig. 32, 33, sont celles d'un calorifère auquel la description précédente s'applique entièrement, sauf deux exceptions : le premier est couvert d'une dalle ; celui-ci est voûté parce que l'on peut le construire d'une certaine grandeur. Les tuyaux à air *d* sont en plus grand nombre : ils se touchent, et les six rangées que l'on y a placées

(*) Si le métal venait à s'échauffer à plus de 100 degrés centigrades, l'air deviendrait insalubre pour les hommes comme pour les végétaux. De plus, la chaleur sèche des calorifères et des poêles porte à la tête. Pour remédier à cet inconvénient, on a placé dans la chambre de chaleur un récipient plat en fonte, fig. *h j*, dans lequel on entretient une certaine quantité d'eau. L'air chaud se mêle ainsi à une suffisante proportion aqueuse. On renouvelle aisément l'eau par un bec qui se prolonge à l'extérieur, on peut aussi y adapter une bouteille comme on voit en *h i*, dans les fig. 31 et 33.

Suivant le besoin de plus ou moins de moiteur, on donnera au récipient la longueur et la profondeur que l'on juge à propos.

Ce système, dont on doit l'idée à M. Darcet, est très en usage, surtout depuis qu'on l'a vu pratiquer dans les serres du jardin botanique d'Orléans par son habile jardinier, M. Delaire.

forment entre elles un canal pour l'air brûlé qui, contrarié dans sa marche et suivant un chemin plus long, s'y dépouille de sa chaleur au profit de l'air passant dans les tuyaux. Il y a trois carneaux à tampon pour le nettoyage.

Il pourrait arriver que la première rangée de tuyaux dans l'appareil, fig. 30, 31, rougissent si on chauffait vivement ; aussi, dans le cas où on devrait employer l'appareil à produire un haut degré de chaleur, on fera bien de la remplacer par une assise de briques soutenues par des barres de fer.

Le calorifère, fig. 32 et 33, ne présente pas cet inconvénient au même point, car la série de tuyaux à air *d* est renversée, par conséquent la chaleur du combustible qui tend à monter ne les frappe qu'indirectement. En cas que la première rangée de tuyaux vint à rougir, on pourrait placer devant un petit mur de briques. Du reste la description de cet appareil est la même qu'aux fig. 30 et 31.

Nous avons dit que les calorifères à air ne pouvaient guère porter la chaleur à plus de 12 mètres. Si on devait la porter à une distance plus éloignée, il serait indispensable de construire un second calorifère.

Dans les deux calorifères qui viennent d'être décrits, on pourrait remplacer la première rangée de tuyaux par une chaudière de thermosiphon. Cette chaudière pourrait être formée par des tuyaux de fer, comme la fig. 35, joints à un autre tuyau à chaque bout qui emporterait l'eau et la rapporterait ; comme cette eau soustrairait une partie notable de la chaleur du foyer, il faudrait supprimer encore une rangée de tuyaux à air, outre celle que les tuyaux à eau remplaceraient.

APPENDICE.

CALCULS RELATIFS AU REFROIDISSEMENT DE L'AIR PAR LES VITRES ET LES ISSUES.

CALCULS DES PROPORTIONS A DONNER AUX TUBES ET AUX CHAUDIÈRES DES THERMOSIPHONS.

(Extraits de deux mémoires de M. Sebille Auger, imprimés dans le *Bulletin de la Société industrielle d'Angers.*)

DES COMBUSTIBLES ET DE LA CHALEUR.—En fait de combustibles, je ne m'occuperai que de la houille et du bois. Je ne donnerai même les nombres que pour la houille, parce qu'en *multipliant* par deux et demi une quantité de houille indiquée en poids, on aura son équivalent en bois, supposé d'un an de coupe, et séché naturellement.

Si c'est un résultat obtenu par la houille qu'on veut comparer à celui que donnerait le bois, il faut, pour avoir ce dernier, *diviser* le premier par deux et demi.

Ainsi, pour obtenir du bois une somme de chaleur égale à celle que donnent 100 kil. de houille, il en faut 250 kil., ou 2 fois et demie le poids de la houille. Si l'on veut obtenir de la houille la chaleur fournie par 100 kil. de bois, il n'en faut que 40 kilogr., ou un poids 2 fois et demie plus faible que celui du bois.

On est convenu d'appeler unité de chaleur la quantité de chaleur nécessaire pour élever d'un degré du thermomètre centigrade la température d'un décimètre cube ou d'un litre d'eau.

Le nombre d'unités de chaleur indiquées pour un combustible, est appelé le pouvoir calorifique de ce combustible. Quand on dit que le pouvoir calorifique de la houille est 3,600, ou qu'elle représente 3,600 *unités de chaleur* (*), cela signifie qu'un kilogramme de houille peut, par une bonne combustion, communiquer à un kilogr. d'eau 3,600 degrés de chaleur, ou plutôt communiquer 100 degrés de chaleur à la centième partie de 3,600, soit à 36 litres ou kilogrammes d'eau, c'est-à-dire porter à l'ébullition cette quantité d'eau supposée prise à zéro.

DES CAUSES DU REFROIDISSEMENT D'UNE SERRE ET DES MOYENS D'EN CALCULER LA QUANTITÉ.—Le refroidissement d'une serre tient à trois causes :

1° La pénétration de l'air extérieur par les jointures imparfaites de chaque porte et fenêtre. Cette quantité d'air s'exprime en énonçant le nombre des portes et fenêtres, et

(*) Nous disons la puissance obtenue, toute perte déduite par les tuyaux à fumée.

Par la perfection des appareils on obtient jusqu'à 4,500 unités. On obtient même davantage quand le tuyau à fumée peut être utilisé.   A***.

en multipliant par ce nombre la somme d'air introduite par une porte ou une fenêtre.

2° La pénétration de l'air extérieur par les intervalles que laissent entre eux les carreaux du toit vitré (*), et par les jointures imparfaites des trappes. La quantité d'air extérieur introduite ainsi par chaque mètre de longueur du vitrage incliné doit être multipliée par le nombre de mètres compris dans la longueur totale du toit vitré.

3° La perte de chaleur causée par le contact de l'air extérieur avec les vitrages de toute espèce.

Pour que les trois causes ci-dessus de refroidissement d'une serre soient exprimées de la même manière, on suppose qu'une certaine quantité d'air extérieur pénètre aussi dans la serre par chaque mètre carré du vitrage, et y cause un refroidissement égal à celui que produit la troisième cause énoncée.

La perte de chaleur par les murs et autres parois est de peu d'importance, s'ils ont une épaisseur convenable (**).

Le refroidissement total sera donc représenté par l'addition des trois quantités d'air qui pénètrent ou qu'on suppose pénétrer dans la serre dans un intervalle de temps donné, par exemple, pendant une heure.

(*) Si l'on adopte l'usage déjà existant au Jardin des plantes à Paris, de calfeutrer entièrement le vitrage, on aura à supprimer du calcul cette cause de refroidissement.

(**) Si la serre est enfoncée en terre, ou appuyée à une terrasse, non-seulement il n'y aura pas à compter ces surfaces comme cause de refroidissement ; mais toutes les fois que la température de la serre sera au-dessous de celle du sol, il y aura par celui-ci un dégagement de chaleur égal à la différence de degrés du thermomètre entre ce sol et la serre.

A***.

Le total de cette addition comprendra donc : 1° la quantité d'air que laisse entrer chaque porte ou fenêtre, en multipliant cette quantité par le nombre des portes ou fenêtres ; 2° la quantité d'air introduite par les intervalles des vitrages et les jointures imparfaites des trappes, quantité calculée par mètres carrés, et multipliée par le nombre de mètres que contient le toit vitré ; 3° enfin, une quantité fictive d'air qu'on suppose introduit dans la serre, pour exprimer le refroidissement intérieur produit par le contact de l'air extérieur et des vitrages. Tels sont les éléments du refroidissement dont il faut tenir compte, et qui peuvent s'exprimer en chiffres.

La température de ce volume d'air doit être portée du degré de l'air extérieur au degré de l'air intérieur de la serre ; elle doit donc être réchauffée d'un nombre de degrés égal à la différence entre ces deux températures.

Pour échauffer cette masse d'air au degré voulu, il faut un nombre d'unités de chaleur égal au nombre de mètres cubes qu'elle contient, multiplié par la différence des deux températures, extérieure et intérieure.

Si l'on suppose la hauteur intérieure de la serre de deux mètres, la température extérieure à 10 degrés au-dessous de zéro, et la température intérieure à 20 degrés au-dessus de zéro, ce qui donne 30 degrés de différence, on aura 12 mètres 667 millièmes pour la quantité exprimée en mètres cubes d'air extérieur qui pénètre en une heure par chaque porte ou fenêtre. Ce nombre, pour avoir la totalité de l'air introduit de cette manière, doit être multiplié par le nombre des portes et des fenêtres.

La même hypothèse donne 41 mètres cubes 307 millièmes pour la quantité d'air extérieur qui pénètre en une heure par les vides qui se trouvent entre les carreaux du toit vitré, pour un mètre de longueur; il faut multiplier ce chiffre par le nombre de mètres de la longueur du toit, pour avoir la somme de mètres cubes d'air extérieur introduit de cette manière. Il faudrait prendre deux fois cette somme si la serre était à deux versants.

Quand le vent souffle avec violence, il pénètre plus d'air par les vides des carreaux que par un temps calme. Il faut alors, pour compenser cet excès, ajouter dans cette hypothèse un cinquième à la différence de température entre l'intérieur et l'extérieur de la serre. Cette différence devient alors de 36 degrés au lieu de 30; mais ce cas est exceptionnel.

Nous avons dit qu'on pouvait représenter le refroidissement causé par le contact de l'air extérieur avec la surface de tous les vitrages, par l'entrée d'une quantité déterminée d'air extérieur supposé pénétrer par heure dans la serre par chaque mètre carré de vitrage.

Le chiffre qui exprime cette quantité d'air introduite est de 27 mètres cubes 75 millièmes. Cette valeur est indépendante de la température.

Pour trouver la quantité totale d'air extérieur supposé pénétrer par heure dans la serre par le vitrage, il faut donc multiplier 27 mètres cubes 75 millièmes par le nombre de mètres de longueur de la totalité des vitrages qui forment le toit de la serre.

En rassemblant les nombres qui expriment les quantités d'air extérieur qui opèrent le refroidissement de la serre par les trois causes que nous avons exposées, on trouve qu'il faut multiplier 12 mètres 667 millièmes par le nombre des portes et des fenêtres; multiplier 41 mètres 307 millièmes par le nombre de mètres compris dans la longueur du toit vitré; multiplier 27 mètres cub. 75 millièmes par le nombre de mètres carrés de la totalité des vitrages, enfin additionner les chiffres obtenus par ces trois multiplications, chiffre qui exprimera la somme du refroidissement total.

Si les mesures employées sont des mètres cubes, ce chiffre exprimera des mètres cubes. Comme on a besoin d'avoir le volume d'air entrant exprimé en décimètres cubes, le chiffre de l'addition des mètres cubes doit être multiplié par mille, parce qu'un mètre cube contient mille décimètres cubes.

La somme des mètres cubes étant multipliée par mille doit l'être aussi par 30 (nombre de degrés exprimant la différence des deux températures extérieure et intérieure) pour avoir le nombre de degrés de chaleur nécessaire pour compenser le refroidissement qu'éprouve la serre.

Mais ce nombre, quand on l'aura obtenu, représentera des degrés de chaleur relativement à l'air, et l'on a besoin de la connaitre relativement à l'eau. Pour cela, il faut diviser le nombre obtenu par 2,850, chiffre qui exprime le rapport calorifique de l'air et de l'eau en volume.

On a alors mille fois la somme du refroidissement total à multiplier par 30 degrés, différence des deux températures extérieure et intérieure; le produit de cette multiplication doit être divisé par 2,850. Le quotient de cette division donne 3,509 dix millièmes de la somme totale du refroidissement, multipliée par la différence des deux températures.

· Pour rendre plus intelligible ce qui précède, je vais l'appliquer à une bâche qui existe chez moi à Dampierre, près Saumur. Cette bâche, qui n'a qu'une porte, a 10 mètres de longueur ; son toit vitré et un pignon vitré ont ensemble 32 mètres carrés de surface ; ce chiffre exprime la surface totale des vitrages. Les bases du calcul sont donc : 1° quantité d'air extérieur introduite par les portes et fenêtres, 12 mètres cubes 667 millièmes. Comme il n'y a qu'une porte, ce nombre doit être multiplié par *un*, ou pris une fois seulement.

2° Quantité d'air introduite par les vides des carreaux du toit, 41 mètres cubes 306 millièmes par mètre de longueur. Le toit ayant dix mètres, ce nombre doit être multiplié par 10, ce qui donne 413 mètres cubes 65 millièmes.

3° Quantité fictive d'air introduit, pour représenter l'effet du contact de l'air extérieur avec le verre, 27 mètres cubes 75 millièmes par mètre carré de surface. Le nombre de ces mètres étant 32 dans la bâche prise pour exemple, ce nombre doit être multiplié par 32, ce qui donne 866 mètres cubes 400 millièmes.

Ces trois sommes additionnées donnent pour total 1292 mètres cubes 132 millièmes, somme des mètres cubes d'air à réchauffer.

Cette somme doit être multipliée par 3509 dix millièmes, c'est-à-dire, multipliée par 3509 et divisée par dix mille, ce qui donne 453 mètres cubes 42 centièmes. Ce chiffre multiplié par 30, différence des deux températures, donne 13602 et 6 dixièmes.

Ce dernier chiffre signifie qu'il faut produire 13602 unités de chaleur et 6 dixièmes d'unité, pour compenser le refroidissement qu'éprouve la bâche par le contact de l'air extérieur, ou pour élever la température à 20 degrés au-dessus de zéro, quand la température extérieure a 10 degrés au-dessous de zéro.

DES MOYENS DE SE PROCURER ET DE RÉPANDRE LA CHALEUR DANS UNE SERRE POUR OBTENIR UNE TEMPÉRATURE PROPOSÉE. — Pour se procurer par heure 13602 unités de chaleur, il faut brûler un nombre de kil. de houille qu'on trouve en divisant 13602 par 3600, nombre d'unités de chaleur que peut produire un kilogr. de houille. Le quotient de cette division donne 3 kilogr. 784 grammes.

Si l'on chauffe avec du bois il en faudra deux fois et demie davantage. 3 kilogr. 784 gr. multipliés par 2 et demi donnent 9 kil. 461 grammes de bois, qui équivalent à 3 kil. 784 gr. de houille.

Puisqu'il nous faut 13,602 unités de chaleur, et qu'un mètre carré de tube n'en donne que 741 (*), il nous faut autant de fois un mètre de tube que le nombre 741 est contenu dans 13,602. En divisant 13,602 par 741 on trouve pour quotient 18 mètres 36 centimètres carrés de surface

(*) En chauffant par l'eau chaude, la température moyenne des tubes dépend de la chaleur de l'eau dans les chaudières et du refroidissement qu'elle éprouve en circulant dans les tubes.

Quand la température moyenne intérieure des tubes est connue, il est facile d'en déduire la quantité de chaleur qu'ils doivent émettre, puisque le refroidissement est proportionnel à la différence de température avec l'air ambiant.

Or, s'il y a une différence de 85 degrés entre l'eau des tubes et l'air du local (soit l'eau à 100 degrés et l'air à 15), ils émettent 969 degrés de chaleur par mètre carré, et si la température moyenne des tubes est à 85 qui est le degré le plus ordinaire, et la température de l'air de la serre maintenu à 20 degrés, la différence de température sera donc de 65 degrés, et les tubes n'émettront par mètre carré, et en une heure, que 741 degrés.

de tubes de cuivre nécessaires pour obtenir 13602 unités de chaleur.

Donnons les détails des calculs par lesquels on arrive à déterminer d'une manière plus générale la valeur de cette surface.

La chaleur émise par une surface chauffée a trois éléments essentiels ; elle se compose des trois quantités suivantes :

1° Nombre des degrés dont la chaleur émise par un mètre carré de surface chauffée peut élever en une heure la température de 2,850 décimètres cubes d'air, ou d'un décimètre cube d'eau, *pour un degré* de différence entre la température intérieure des tubes et l'air ambiant ;

2° Étendue de la surface chauffée ;

3° Différence entre la température de cette surface et l'air ambiant.

Pour que cette chaleur compense le refroidissement produit par les fentes des portes et fenêtres et par la surface des vitrages en contact avec l'air froid extérieur, il faut que la somme de chaleur émise par la surface chauffée soit égale à la somme totale du refroidissement ; pour obtenir une élévation de température, il faut que l'émission de chaleur par la surface chauffée soit supérieure à la somme de tous les refroidissements réunis.

La chaleur produite, multipliée par la différence entre les deux températures, de l'eau et de l'air à échauffer, donne 741 degrés ; ainsi, l'on retrouve au bout du calcul la même somme de 13,602 à diviser par 741, division dont le quotient donne pour la surface à chauffer, 18 mètres 36 centimètres, comme ci-dessus.

Un diamètre d'un décimètre (*) sera presque toujours suffisant ; la circonférence est alors de 3 décimètres 1416 dix millièmes, le rapport connu du diamètre à la circonférence étant de 3 et 1416 dix millièmes.

Puisque la surface doit être de 18 mètres carrés 36 centimètres, la longueur devra être obtenue en divisant 18 mètres 36 centimètres par 31,416 dix millièmes, division dont le quotient donne 58 mèt. 43 cent. de tubes.

Le volume intérieur des tuyaux exprimé en décimètres cubes sera de 458 décimètres cubes 91 centimètres, ou 458 litres 91 centilitres.

En général, quand on connaît le volume des tubes et leur diamètre, dont la moitié donne leur rayon, la capacité intérieure des tubes s'obtient en prenant le carré du rayon, multiplié par le rapport de la circonférence au diamètre, et par la longueur des tuyaux (**).

AUTRES APPLICATIONS DE CE QUI PRÉCÈDE.

Le chauffage d'une serre ou d'une habitation serait une chose bien facile et n'exigerait qu'une quantité minime de combustible, s'il ne s'agissait que d'élever la température de la pièce à chauffer du degré actuel à celui que l'on veut obtenir.

Supposez, en effet, une serre de la contenance de 500 mètres cubes d'air, dont la température devrait être

(*) On peut voir, pages 19, 28, et fig. 11, pl. II-III, N, que l'on emploie des tubes méplats qui présentent une surface bien plus grande avec un volume d'eau bien inférieur aux tubes ronds.   A***.

(**) Pour obtenir la circulation dans les tubes ci-dessus indiqués, une chaudière comme celle signalée page 27 et fig. 12, de 60 centimètres de longueur, conviendra parfaitement.   A***.

portée de 5 à 20 degrés. Pour avoir le nombre des unités de chaleur nécessaires, on divise 25 par 2 et 85 centièmes (*), et l'on multiplie 500 (nombre des mètres cubes à échauffer) par le quotient de cette division, ce qui donne 4,386 unités de chaleur. La production de cette chaleur exige seulement 1 kilogr. 218 grammes de houille, nombre qu'on obtient en divisant 4,386 par 3,600, puissance calorifique de la houille.

La difficulté n'est donc pas d'échauffer une serre donnée, mais de compenser le refroidissement constant que lui fait éprouver l'action de l'air extérieur qui y pénètre, en chassant un volume d'air chaud égal à celui d'air froid entrant ; et qui de plus, en refroidissant par son contact les parois de la serre, refroidit aussi l'air qu'elle contient. Il faut donc déterminer la quantité totale du refroidissement qu'éprouve, dans un temps donné, la pièce qu'on veut chauffer, et chercher ensuite la surface de tubes capables d'émettre, dans le même temps, une quantité de chaleur égale à celle perdue. Pour avoir égard à chacune des causes de refroidissement, il faut admettre quelques données qu'on est obligé de supposer fixes.

Le refroidissement causé par le contact de l'air extérieur avec un mètre carré de vitrage, équivaut à l'entrée par heure dans la serre de 29 mètres cubes 241 millièmes d'air extérieur.

Pour évaluer ce refroidissement en décimètres cubes d'eau, il faut diviser 1,000 par 2,850, et multiplier 29 m.

(*) Le rapport calorifique de l'air et de l'eau est de 285,0, c'est-à-dire que la quantité de calorique capable d'échauffer de 1 degré un décimètre cube d'eau, peut aussi échauffer de 1 degré 285,0 décimètres cubes ou 2 mètres 85 centièmes cubes d'air, pesant 3 kilog. 745 gram.

cubes 241 millièmes par le quotient de cette division, opération qui donne 10 centimètres cubes et 26 centièmes d'eau qu'il faut échauffer d'autant de degrés qu'il y a de différence entre les deux températures intérieure et extérieure. Cela revient à échauffer par heure un décimètre cube d'eau de 10 degrés et 26 centièmes.

Ces deux quantités, de 29 mètres cubes 241 millièmes d'air et de 10 décimètres cubes 26 centièmes d'eau, dont la dernière peut s'exprimer en degrés du thermomètre par les mêmes chiffres, supposent que la température extérieure est égale aux neuf dixièmes de la température intérieure de la serre. Cette supposition paraît exacte lorsque le vent est modéré et que le froid ne dépasse pas 5 degrés au-dessous de zéro. Mais par un vent violent, et pour un plus grand froid, la température extérieure peut n'être que de 8 dixièmes de la température intérieure de la serre. Alors, il entrerait moins d'air extérieur, et la quantité 29 mètres cubes 241 millièmes ne serait plus que 25 mètres cubes 992 millièmes ; par la même raison, l'équivalent de ce volume d'air en eau serait de 9 décimètres cubes et 12 centièmes au lieu de 10 centimètres 26 centièmes : ce volume peut s'exprimer par le même nombre de degrés, soit 9 degrés et 12 centièmes du thermomètre.

Un mètre carré de mur nu en contact avec l'air extérieur sera supposé causer un refroidissement équivalant à l'introduction de 2 mètres cubes 850 millièmes d'air extérieur. Ce volume d'air réduit en décimètres cubes ou en degrés du thermomètre, comme ci-dessus, donne 1 décimètre cube et 8,772 cent millièmes, ou 1 degré 8,772 cent millièmes de degré.

Prenons actuellement pour exemple une serre que je suppose à un seul toit :

Volume d'air contenu dans la serre, exprimé en mètres cubes. . . . . 347 m. c. 35 centimètres.

Nombre des portes et fenêtres réduites fictivement à une commune hauteur. 8

Hauteur commune admise pour les portes et les fenêtres. . . . . 2 mètres.

Hauteur verticale du toit vitré (*). . . . . . 3 mètres.

Hauteur de la devanture vitrée. . . . 1 mètre 85 cent.

Longueur de la devanture vitrée, pouvant être aussi celle du toit vitré. . . . . 14 mètres 3 cent.

Surface totale des vitrages. . . . . 145 mètres carrés.

Surface totale des murs supposés nus. 97 mètres carrés.

Température externe moyenne de la plus basse du pays. . . . . 5 degrés au-dessous de zéro.

Température qu'on se propose de maintenir constamment dans la serre. . . . . 20 degrés au-dessus de zéro.

Différence entre ces deux températures. . . 25 degrés.

La quantité d'air extérieur que laissent entrer les portes et les fenêtres dans un temps donné se trouve par le calcul suivant :

9 mètres cubes 965 millièmes multipliés d'abord par le nombre des portes et des fenêtres; puis, par la hauteur de ces ouvertures, dont on porte le chiffre à la puissance 3/2 (*); puis enfin, par la racine carrée de la différence moyenne des deux températures extérieure et intérieure (ce calcul ne peut être fait qu'au moyen de la table des logarithmes). Le produit de cette opération donne le chiffre cherché.

La quantité d'air extérieur qui pénètre par les vides que laissent entre eux les carreaux du toit vitré s'obtient par un calcul analogue, 23 mètres cubes 252 millièmes, multipliés par le nombre de mètres exprimant la longueur du toit vitré; puis par la hauteur perpendiculaire de ce toit, dont le chiffre doit être porté à la puissance 3/2; puis enfin par la racine carrée de la différence moyenne des deux températures extérieure et intérieure.

La quantité d'air extérieur qui pénètre par les vides des carreaux de la devanture vitrée s'obtient de la même manière.

23 mètres cubes 252 millièmes multipliés par le nombre de mètres exprimant la longueur de la devanture, longueur qui est la même que celle du toit; puis par la hauteur perpendiculaire de la devanture, hauteur dont le chiffre doit être porté à la puissance 3/2; puis enfin, par la racine carrée de la différence moyenne des deux températures intérieure et extérieure.

Nous venons de voir que le refroidissement causé par le contact de l'air extérieur pourrait être exprimé par le

---

(*) J'appelle hauteur verticale du toit vitré une perpendiculaire abaissée du faîtage de ce toit sur une ligne horizontale passant par sa naissance. Si cette naissance est de plus de un mètre au-dessus du sol de la serre, on doit augmenter un peu la valeur de 3 mètres, parce que cet excédant de hauteur de la serre augmente la vitesse de sortie de l'air intérieur.

(*) On appelle *puissance* le produit d'une quantité multipliée par elle-même un certain nombre de fois. Ainsi le produit du nombre 3 multiplié par lui-même, c'est-à-dire 9, est la seconde puissance de 3. Le produit de 9, multiplié par 3, ou 27, est la troisième puissance, etc.

nombre de mètres carrés du vitrage multiplié par 29 mètres cubes 241 millièmes.

Ce refroidissement, pour le nombre de mètres carrés contenus dans la surface du mur, s'obtient en multipliant ce nombre par 2 mètres cubes 850 millièmes.

Les produits additionnés de toutes ces multiplications donnent en mètres cubes d'air extérieur la somme de tous les refroidissements.

On trouve par ce calcul le volume des mètres cubes d'air qu'il faut réchauffer par heure.

On doit ensuite convertir ce volume en décimètres cubes en le multipliant par 1,000. Pour avoir le nombre de décimètres cubes d'eau que ce volume représente sous le rapport calorifique, on divise par 2,850 le produit de la multiplication par 1,000 du volume total d'air extérieur introduit ou supposé introduit dans la serre.

Cette division faite, son quotient doit être multiplié par la différence des deux températures intérieure et extérieure pour avoir le nombre d'unités de chaleur qu'il faut produire pour compenser le refroidissement causé par l'air extérieur, ou pour maintenir la température intérieure à 20 degrés au-dessus de zéro, quand la température extérieure est à 5 degrés au-dessous de zéro.

La quantité de chaleur donnée par cette dernière multiplication est donc celle que doivent émettre les tubes du thermosiphon.

La chaleur émise par ces tubes se calcule d'après leur surface et la différence entre leur température moyenne et celle de l'intérieur de la serre. Pour que le refroidissement soit compensé, il faut que la surface chauffée des tubes représente un pouvoir échauffant égal à l'ensemble de toutes les causes de refroidissement agissant sur l'atmosphère intérieure de la serre.

Quand on n'entretient qu'un feu modéré, on peut admettre 65 degrés pour la température moyenne d'un thermosiphon ayant moins de 100 mètres de tubes d'un décimètre. La température voulue dans la serre étant de 20 degrés au-dessus de zéro, on a pour différence entre la température moyenne du thermosiphon et la température moyenne de l'atmosphère intérieure de la serre 45 degrés.

Si l'on entretenait à l'ébullition l'eau de la chaudière, la température moyenne pourrait atteindre 85 degrés; mais alors il y aurait perte de combustible causée par la formation de la vapeur, à laquelle il faudrait d'ailleurs donner une issue.

Application des calculs ci-dessus à la serre prise pour exemple.

Ayant deux mètres pour hauteur commune des portes et des fenêtres, pour avoir la puissance 3/2 de ce nombre il faut de son cube, qui est 8, prendre la racine carrée, qui est 2 et 828 millièmes.

Comme le nombre des portes et des fenêtres est de huit, la puissance 32 de 2 mètres, qui est 3,49 649, doit être multipliée par 8, et le produit de cette multiplication doit être multiplié par 2,828, ce qui donne 79 et 1,165 dix millièmes.

Comme la longueur du toit vitré est la même que celle de la devanture, on a pour l'une et l'autre de ces deux longueurs 14 mètres 3 décimètres.

La puissance 3/2 de la hauteur verticale du toit vitré

est de 5,196; celle de la hauteur verticale de la devanture vitrée est de 2,517 : ces deux quantités additionnées donnent 7,713.

On a donc la somme 8 et 15,965 cent millièmes à multiplier par 14 mètres 3 décimètres, et le produit de cette multiplication à multiplier par 7,713, ce qui donne 899 mètres cubes et 9,965 dix millièmes. Cette somme additionnée avec celle de 79 et 1,165 dix millièmes obtenue plus haut, donne un total de 979 mètres cubes et 1,130 dix millièmes qu'il faut multiplier par 3,091 cent millièmes, quantité égale à la racine carrée de la différence des deux températures intérieure et extérieure. Le produit de cette multiplication est de 302 mètres cubes 644 millièmes.

Il faut ajouter le produit du nombre de mètres du toit vitré multiplié par 10 degrés 26 centièmes, expression en degrés thermométriques du refroidissement causé par le contact de l'air extérieur sur un mètre carré du vitrage.

Le toit contient 145 mètres carrés qui, multipliés par 10 degrés 26 centièmes, donnent 1,487 700 millièmes. Il faut encore ajouter le produit du nombre de mètres carrés du mur supposé nu, multiplié par le chiffre de son refroidissement; ce chiffre étant 1, l'on a 97 à additionner avec 1,487 700, ce qui donne 1,584 et 700 millièmes pour le vitrage et la surface nue de la muraille de la serre.

En additionnant cette somme avec celle de 302,644 précédemment obtenue, on a pour le chiffre total des mètres cubes d'air extérieur froid pénétrant ou supposé pénétrer dans la serre 1,887 mètres cubes et 344 centièmes.

C'est cette somme qu'il faut multiplier par 25, nombre de degrés exprimant la différence des deux températures intérieure et extérieure; ce qui donne 47,183 et 600 millièmes. Ce chiffre est celui des degrés de chaleur cherchés.

En divisant 47,183 et 6 dixièmes par 513, on trouve 91 mètres carrés et 976 millièmes.

Ce dernier chiffre est celui de la surface de tubes nécessaire pour compenser le refroidissement de la serre.

Si le diamètre des tubes est d'un décimètre, leur longueur se trouvera en divisant leur surface par le rayon multiplié par le rapport du diamètre à la circonférence, soit 91,976 à diviser par 3,142 dix millièmes, ce qui donne pour la longueur cherchée 292 mètres 768 millièmes. Le volume cherché s'obtiendra en multipliant le carré du rayon par le rapport du diamètre à la circonférence.

On a 25 cent millièmes à multiplier par 3,142, et le produit de cette multiplication à multiplier par 292,768; ce qui donne 2 mètres cubes 299 millièmes pour le volume des tubes. Un mètre cube contient mille litres d'eau; 2 mètres cubes 299 millièmes multipliés par mille donnent 2,299 litres d'eau pour la contenance des tubes.

Le nombre d'unités de chaleur à produire par heure est de 47,183 unités et 6 dixièmes, un kilogramme de houille en donne 3,600 unités; en divisant 47,183 et 6 dixièmes par 3,600, on trouve pour quotient 13 kilog. 106 grammes de houille à brûler par heure pour obtenir la chaleur voulue.

Si l'on forçait assez le feu pour porter à 85 degrés la température moyenne des tuyaux, on aurait 65 degrés de différence entre la température des tubes et celle de l'atmosphère de la serre. Alors, au lieu d'une différence de 25 degrés on obtiendrait une différence de 31 degrés entre la température de l'intérieur de la serre et celle du dehors; mais il faudrait pour cela brûler par heure 18 kilogrammes 932 grammes de houille (*).

Calculs pour déterminer la surface de chauffe de la chaudière.

L'inspection attentive de quelques-uns des calculs que j'ai donnés peut faire juger de la relation qui doit exister entre les divers éléments d'un thermosiphon. Je terminerai en donnant le moyen de déterminer la surface de chauffe de la chaudière, c'est-à-dire la surface qui doit être exposée à la flamme du foyer.

J'admets que la chaleur absorbée par heure par un mètre carré de cuivre exposé à la flamme d'un foyer dans

lequel on entretient un feu vif, est 16,500 unités. Si le feu est modéré, le nombre peut se réduire à 12,000.

Nous avons vu qu'on avait besoin par heure de 47,184 unités de chaleur pour maintenir dans la serre 20 degrés de chaleur; quand la température extérieure est à 5 degrés au-dessous de zéro la surface de chaudière exposée à la flamme devra donc être 2 mètres carrés 86 centièmes, nombre qu'on trouve en divisant par 16,500 la somme des unités de chaleur voulue : soit 47,184. C'est ce que l'on trouve encore par le calcul suivant :

Si la chaudière peut transmettre par heure et par mètre carré 16,500 degrés de chaleur, et si les tubes en émettent 513 aussi par heure et par mètre carré, le rapport des surfaces étant comme 1 est à 32 et 16 centièmes, on a 91, 976 centièmes à diviser par 32 et 16 centièmes : ce qui donne 2,86 mètres carrés, comme ci-dessus.

(*) Il faut noter ici que toute cette appréciation est faite dans la supposition d'une énorme perte de chaleur dont on pourra se garantir en grande partie par des soins et par des paillassons. A***.

CONCLUSION.

Quand on aura calculé, d'après les mesures du local, le nombre de mètres cubes et les causes de refroidissement, on pourra demander au fabricant de thermosiphons une chaudière offrant la surface de chauffe nécessaire intérieure par la chaudière et extérieure par les tubes.

Si on n'a pu faire les calculs soi-même, il est important de ne s'adresser qu'à un fabricant qui comprenne bien son métier et qui sache se rendre compte *du cubage du local, des causes de refroidissement, des surfaces de chauffe et des unités de chaleur.* Car autrement on n'opérerait qu'au hasard, et on aurait un appareil presque toujours incomplet avec lequel on manquerait de la chaleur voulue dans les moments de très-basse température.

Quand on aura donc fait sa demande à un constructeur instruit, il pourra déterminer la proportion de la chaudière et des tubes et indiquer les prix.

· Pour aider autant que possible dans le choix à faire des tubes, on trouvera ci-dessous un tableau du poids des tubes suivant leur grosseur. Le poids de la chaudière est plus difficile à préciser d'avance à cause de son plus ou moins de complication, suivant le besoin. Le prix est difficile encore à établir, le cuivre variant, suivant les temps, depuis 4 fr. 50 c. jusqu'à 6 fr. le kilogramme.

Ce tableau nous a été communiqué par M. FONTAINE (de Versailles), que nous avons cité dans le présent ouvrage, pour la confection et la meilleure combinaison des THERMOSIPHONS.

Poids du mètre des tuyaux en cuivre rouge méplats et cylindriques.

TUYAUX MÉPLATS.				TUYAUX CYLINDRIQUES.			
DIMENSIONS.	DÉVELOPPEMENT.	NUMÉROS.	POIDS DU MÈTRE.	DIAMÈTRE.	DÉVELOPPEMENT.	NUMÉROS.	POIDS DU MÈTRE.
m. cent.	m. cent.		kil.	millim.	millim.		kil.
0 12	0 28	16	1 50	55	172	16	0 90
0 17	0 40	16	2 20	55	172	20	1 10
0 17	0 40	20	2 60	70	220	20	1 45
0 22	0 50	16	2 70	81	254	16	1 35
0 22	0 50	20	3 30	84	254	20	1 65
0 22	0 50	25	4 05	85	267	20	1 80
0 26	0 58	20	3 75	85	267	25	2 20
0 26	0 58	25	4 70	90	282	25	2 35
0 32	0 70	25	5 60	90	282	30	2 75
0 32	0 70	30	6 70	110	345	20	2 20
				110	345	25	2 75
				110	345	30	3 35

Tous ces tuyaux ont 30 millimètres d'épaisseur, excepté celui de 0 m. 12 c. qui n'a que 20 millimètres.

TABLE.

Paris. Typographie de Henri Plon, Imprimeur de l'Empereur, rue Garancière, 8.

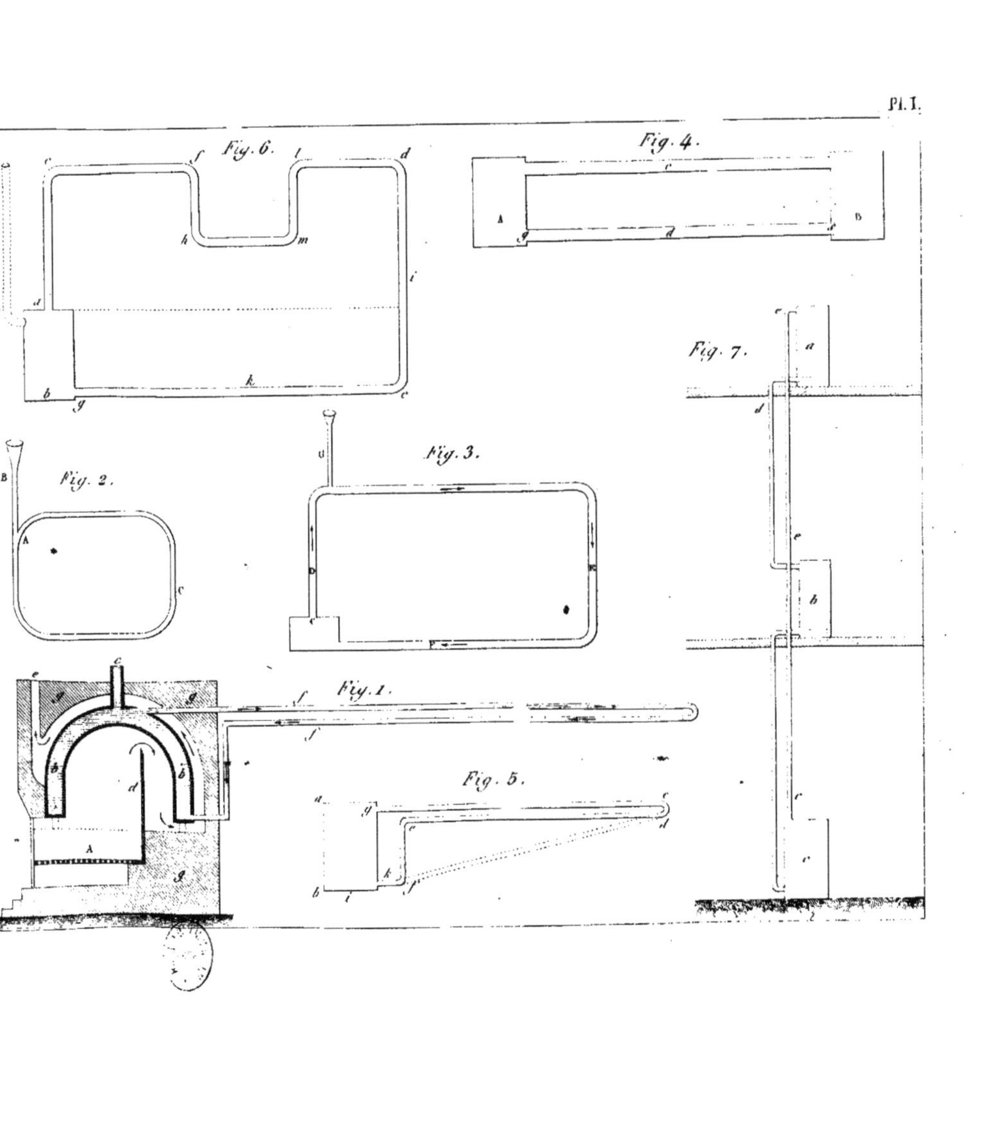
Fig. 6.
Fig. 4.
Fig. 7.
Fig. 2.
Fig. 3.
Fig. 1.
Fig. 5.

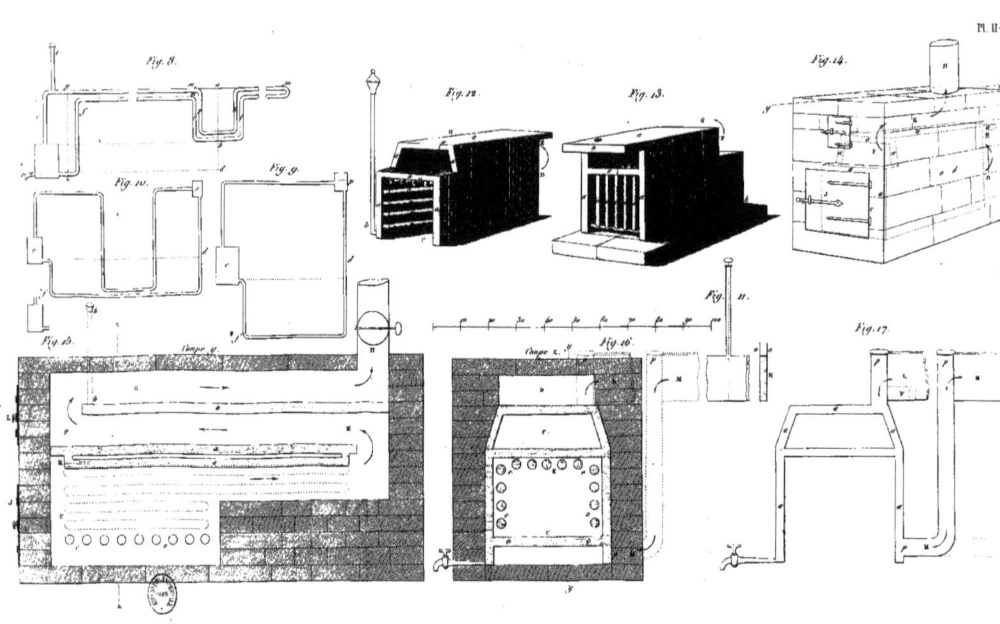

Fig. 8.

Fig. 9.

Fig. 10.

Fig. 11.

Fig. 12.

Fig. 13.

Fig. 14.

Fig. 15.

Fig. 16.

Fig. 17.

Coupe y.

Coupe z.

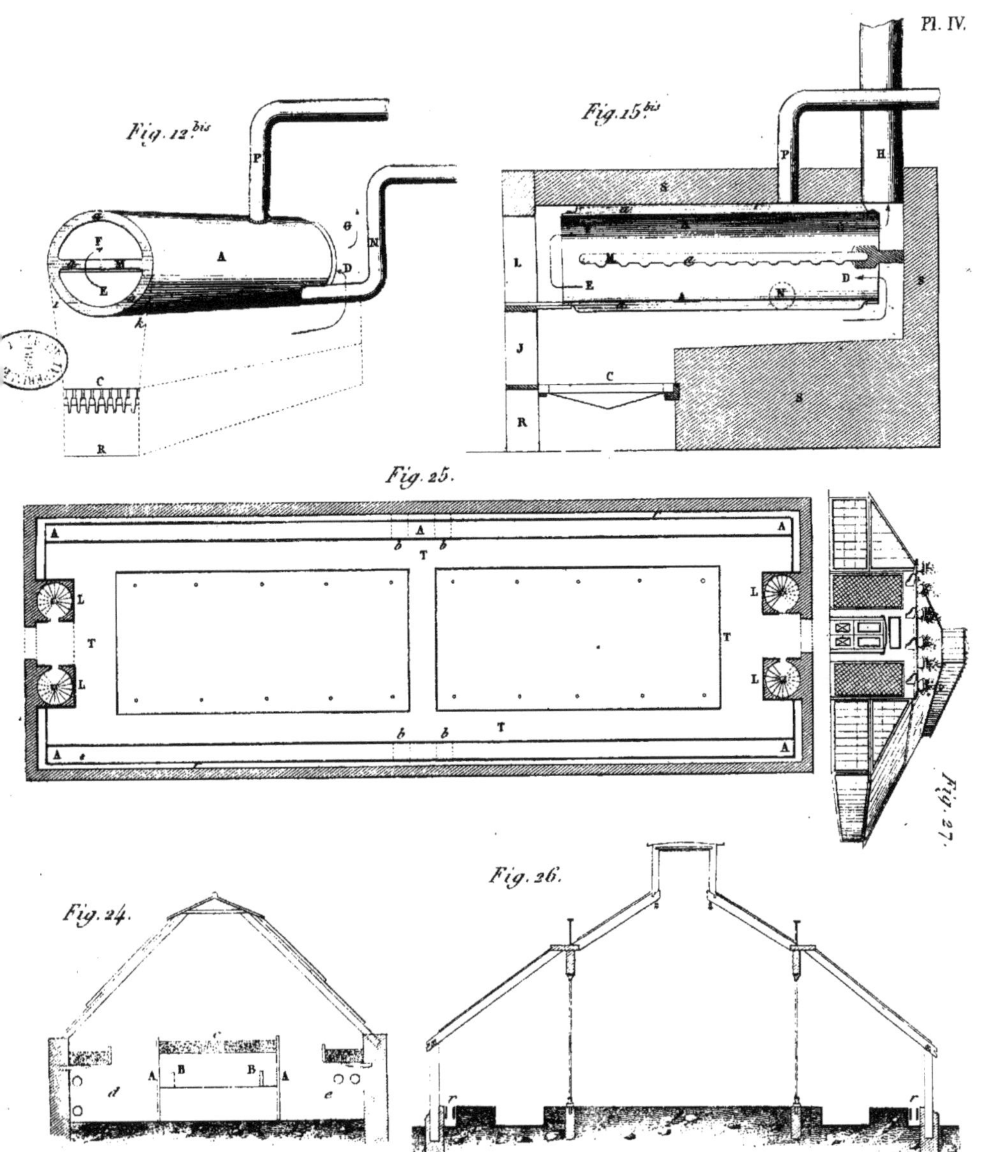

Pl. IV.
Fig. 12 bis
P
F
M
A
E
N
D
k
C
R
Fig. 15 bis
P
H
S
L
M
E
A
D
S
N
J
C
R
S
Fig. 25
A
A
A
b
T
b
L
T
L
L
T
T
b
b
T
A
e
A
Fig. 27
Fig. 24
A
B
B
A
d
e
Fig. 26
r
r

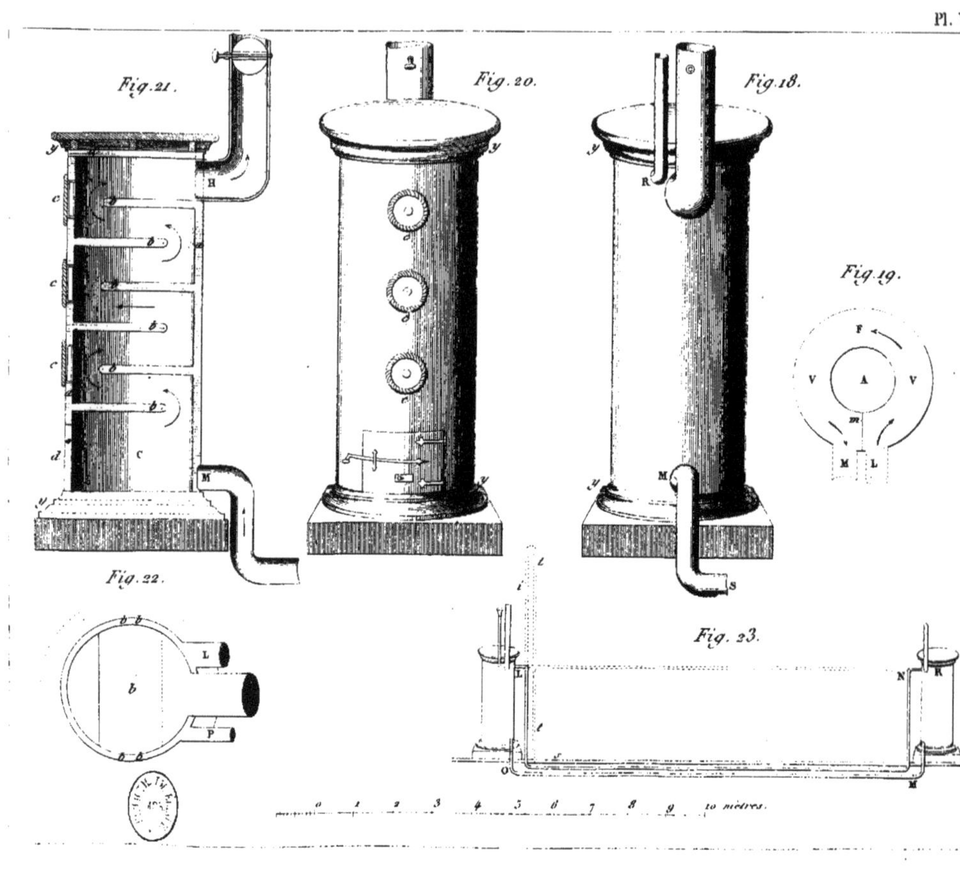
Fig. 21.
Fig. 20.
Fig. 18.
Fig. 19.
Fig. 22.
Fig. 23.
o 1 2 3 4 5 6 7 8 9 10 mètres.

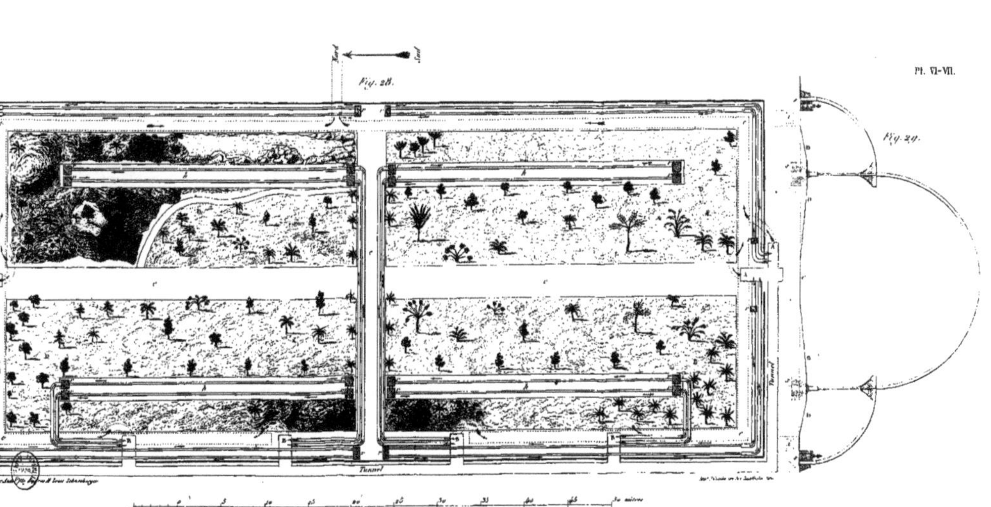

Serre de Chatsworth.

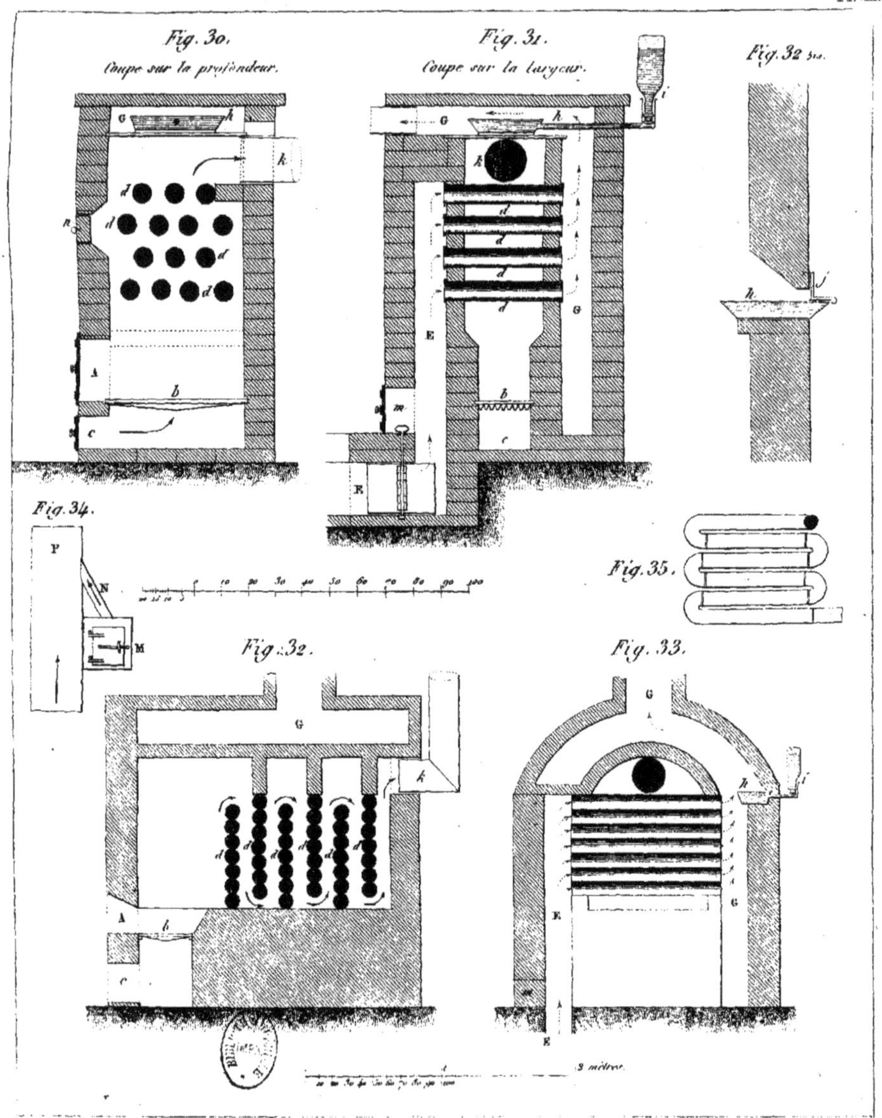

Fig. 30.
Coupe sur la profondeur.
Fig. 31.
Coupe sur la largeur.
Fig. 32 bis.
Fig. 34.
Fig. 35.
Fig. 32.
Fig. 33.

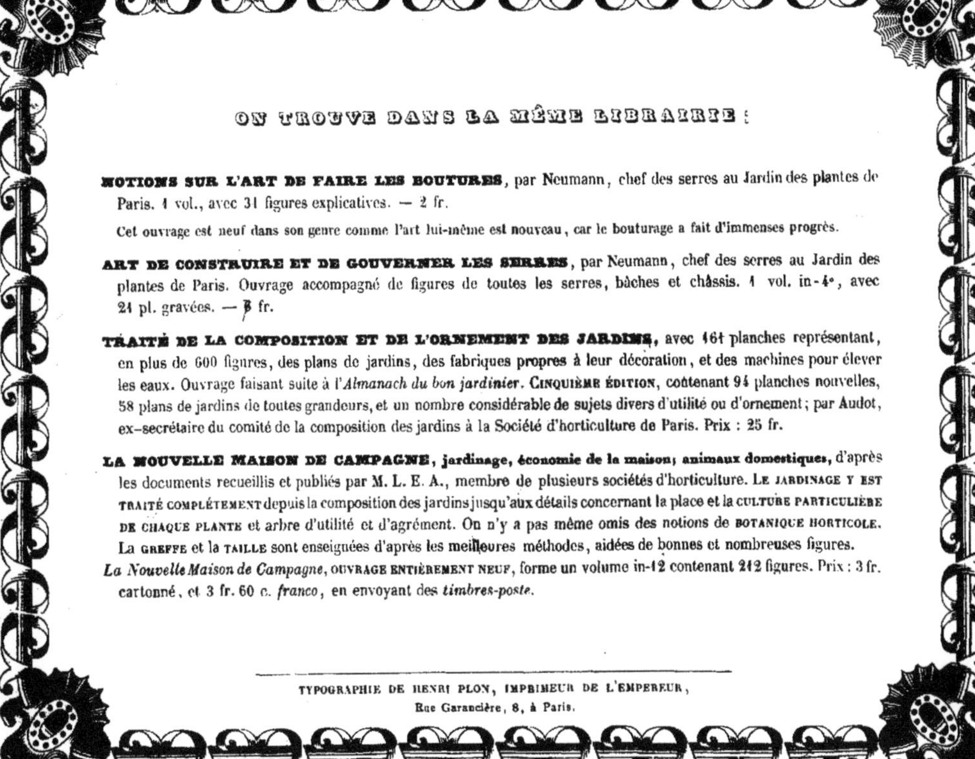

TYPOGRAPHIE DE HENRI PLON, IMPRIMEUR DE L'EMPEREUR,
Rue Garancière, 8, à Paris.

www.ingramcontent.com/pod-product-compliance
Ingram Content Group UK Ltd.
Pitfield, Milton Keynes, MK11 3LW, UK
UKHW020026080726
13614UKWH00004B/1586